METAMAT!

Coleção Big Bang
Dirigida por Gita K. Guinsburg

Edição de texto: Marcio Honorio de Godoy
Revisão de provas: Iracema A. de Oliveira
Capa e projeto gráfico: Sergio Kon
Produção: Ricardo Neves, Sergio Kon e Raquel Fernandes Abranches

META MAT!
EM BUSCA DO ÔMEGA

GREGORY CHAITIN

TRADUÇÃO DE GITA K. GUINSBURG

Névraumont Publishing Company

Título original em inglês
Meta Math! The Quest for Omega

© 2005, Gregory Chaitin
Tradução publicada por acordo com Pantheon Books,
uma divisão da Random House, Inc.

Dados Internacionais de Catalogação na Publicação (CIP)
(Câmara Brasileira do Livro, SP, Brasil)

Chaitin, Gregory J.
MetaMat!: em busca do ômega / Gregory J. Chaitin;
tradução de Gita K. Guinsburg. – São Paulo: Perspectiva,
2009. – (Coleção Big Bang / dirigida por Gita K. Guinsburg)

Título original: Meta math! : the quest for omega
Bibliografia
ISBN 978-85-273-0845-8

1. Ciência - Filosofia 2. Complexidade computacional
3. Linguagens formais 4. Lógica simbólica e matemática
5. Processo estocástico 6. Teoria dos autômatos I. Guinsburg, Gita K. II. Título. III. Série.

08-12002   CDD-511.3

Índices para catálogo sistemático:

1. Teoria dos autômatos : Modelo matemático   511.3

Direitos em língua portuguesa reservados à

EDITORA PERSPECTIVA S.A.

Av. Brigadeiro Luís Antônio, 3025
01401-000 São Paulo SP Brasil
Telefax: (011) 3885-8388
www.editoraperspectiva.com.br

2009

SUMÁRIO

	Apresentação, *por Gita K. Guinsburg*	5
	Prefácio	9
	Franz Kafka: Diante da Lei	19
	Introdução	23
um	Três Estranhos Amores: Primos/Gödel/Lisp	29
dois	Informação Digital: DNA/Software/Leibniz	93
três	Intermezzo	137
quatro	O Labirinto do Contínuo	145
cinco	Complexidade, Aleatoriedade & Incompletude	179
seis	Conclusão	217
	Lendo uma Nota na Revista *Nature* Eu Soube, *por Robert M. Chute*	229
	Poema Matemático, *por Marion D. Cohen*	231
	Indicação de Leitura	233
	Apêndice I	237
	Apêndice II	255
	Índice	297

APRESENTAÇÃO

GITA K. GUINSBURG

P or que "Diante da Lei" abre um livro de matemática? Por que esse pequeno conto de Kafka, que possui a "força primitiva de uma verdade imponderável", segundo o crítico inglês George Steiner, acrescido de algumas citações de Leibniz e Galileu, abre um livro, na verdade, de Metamatemática, de verdade?

Por que "Diante da Lei" esses guardas? Quantos serão, e por quanto tempo de nossas vidas humanas cuidarão eles do portão de acesso à LEI, à TORÁ, à VERDADE quase inacessível da verdade?

Como partindo do universo aparentemente simples dos números inteiros é possível pôr em xeque a validade absoluta de processos demonstrativos e sistemas axiomáticos formais inerentes à metodologia das ciências dedutivas, como a Matemática?

Terão essas perguntas respostas? E que outras perguntas elas podem suscitar?

Esse encadeamento de questões propõe um labirinto de caminhos e descaminhos que levam a portões, talvez transponíveis, no rumo da VERDADE.

E se alguma vez o leitor sentiu o mítico temor da matemática, ele pode encetar, desarmado, essa aventura do conhecimento que acabará na busca do ômega, evidenciando a infinita complexidade da verdade matemática.

O guia dessa aventura é Gregory Chaitin. Com estilo enfático e rigor formal, numa relação quase simbiótica com o leitor, ele nos faz sorver apaixonada e poeticamente enunciados e teoremas que relacionam fatos e objetos matemáticos, essas "ficções" que existem no nosso mundo conceitual, independentemente deles próprios.

Esse matemático-poeta não quer ser Ptolomeu a fazer cálculos da trajetória dos planetas no céu das estrelas fixas. Ele prefere ser Aristarco de Samos afirmando, contra as aparentes evidências equivocadas, que é em torno do Sol que os planetas giram.

De fato, caminhando pelo labirinto da história da ciência e alguns de seus fatores, o nosso autor analisa as demonstrações clássicas sobre a infinitude dos números primos, define o conceito de complexidade pelo tamanho em *bits* dos programas de computadores, ou seja, dos *softwares*, como o é, por exemplo, o próprio DNA, cujos mecanismos respondem por nossa diversidade; contrapondo o caráter contável do conjunto de programas existentes com o caráter incontável do conjunto dos números reais, usados nas mensurações das leis físicas, aborda a questão das probabilidades e também da aleatoriedade, conceitos, hoje, incrustrados no amplo leque de conhecimentos da economia à criptografia e às partículas elementares; discute questões paradoxais como as da incompletude das proposições matemáticas, verdadeiras, porém não passíveis de comprovação, uma vez que não há, para algumas delas, um sistema formal axiomático que permita demonstrá-la; e, ao aprofundar esse tema, detém-se no grande sonho de Hilbert, que era o de construir um edifício matemático com uma estrutura sem falhas do ponto de vista dedutivo; mais ainda, num salto surpreendente, na Teoria da Informação Algorítmica, Chaitin alcança o resultado de Gödel, por outra via, ao provar a impossibilidade de se determinar quando exatamente um computador comum há de parar de processar um programa que se autoalimente.

Sua ousadia é tal que, para ele, se as leis da física se comprovam pela experiência, o computador será o "aparato" experimental da matemática que se transforma, por assim dizer, "quase" numa "ciência da natureza" de nosso espírito.

Na verdade, esses pequenos *chips* que digitalizaram e globalizaram a nossa vida cotidiana e o nosso mundo repõem as mesmas perguntas e dúvidas que preocuparam e preocupam os filósofos e cientistas de todas as épocas, porém com um complicador no qual o espaço e o tempo não são mais separáveis.

Em *MetaMat! Em Busca do Ômega*, de Gregory Chaitin, que a editora Perspectiva publica em sua coleção Big Bang, o leitor poderá acompanhar o autor nessa busca e, de algum modo, tentar transpor o portão de acesso à verdade. Pois, embora os guardas talvez não o abram, é possível que, graças à "inteligência" do guia ele possa dar uma olhada pelo buraco da fechadura...

PREFÁCIO

A ciência é uma estrada aberta: cada questão que você responde, suscita **dez** novas questões, e bem mais difíceis! Sim, vou contar-lhe algumas coisas que descobri, mas a caminhada não tem fim, e quero compartilhar com você, leitor, na maior parte, minhas dúvidas e preocupações, bem como as promissoras e desafiantes novas coisas que a meu ver merecem ser pensadas.

Seria fácil passar muito tempo de vida debruçado sobre uma qualquer de certo número de questões que discutirei aqui. É assim que são as boas questões. Você pode respondê-las em cinco minutos, e não seria nada bom se você pudesse.

A ciência é uma aventura. Não creio que devo gastar anos estudando o trabalho dos outros, decifrando um campo complicado para poder contribuir com um pequeno aporte meu. Prefiro dar largas passadas numa direção totalmente nova, em que a imaginação é, pelo menos, inicialmente, muito mais importante do que a técnica, porque suas técnicas correspondentes têm ainda de ser desenvolvidas. Elas reúnem a contribuição de gente de todo tipo para o avanço do conhecimento, os pioneiros e aqueles que vem depois e pacientemente trabalham a lavoura. Este livro é para pioneiros!

A maior parte dos livros enfatiza o que o autor já sabe. Tentarei enfatizar aquilo que eu gostaria de saber, aquilo que espero que alguém descubra, quanto há nisto de fundamental e aquilo que **não sabemos**!

Sim, eu sou um matemático, porém estou realmente interessado em tudo: o que é vida, o que é inteligência, o que é consciência, mas também o que o universo contém de aleatoriedade, e se o espaço e o tempo são contínuos ou discretos. Para mim a matemática é a ferramenta fundamental da filosofia, é o modo como trabalhar nossas ideias, dar-lhes carnação, construir modelos **para entender**! Como disse Leibniz, sem matemática você não pode, efetivamente, entender filosofia, sem filosofia você não pode realmente entender a matemática e sem nenhuma delas você não pode efetivamente entender coisa alguma! Ou, pelo menos, este é o meu credo, isto é, a forma como opero.

De outro lado, como alguém falou há muito tempo, "um matemático que não tem algo de poeta nunca será um bom matemático". E "não há lugar permanente no mundo para uma matemática feia" (G. H. Hardy). Para sobreviver, ideias matemáticas devem ser belas, sedutoras e iluminadoras, devem nos ajudar a entender as coisas e nos inspirar. Assim, espero que este pequeno livro também transmita algo deste aspecto mais pessoal da criação matemática, da matemática como um meio de celebrar o universo, um modo de fazer amor! Quero que você se apaixone pelas ideias matemáticas, que comece a sentir-se seduzido por elas, que veja como é fácil encantar-se e queira passar anos em sua companhia, anos trabalhando em projetos matemáticos.

E é um erro pensar que uma ideia matemática pode sobreviver simplesmente porque é **útil**, porque possui uma aplicação prática. Pelo contrário, o que útil varia como uma função do tempo, ao passo que "uma coisa com beleza constitui um prazer para sempre" (Keats). Teoria profunda é o que é realmente útil, não a utilidade efêmera das aplicações práticas!

Parte desta beleza, parte essencial, aliás, é a clareza e a agudeza promovida e alcançada pelo modo como a matemática pensa as coisas. Sim, há também modos místicos e poéticos de se relacionar com o mundo, e criar uma nova teoria matemática, ou descobrir novas matemáticas e você deve sentir-se à vontade com ideias vagas, informes, embrionárias, mesmo enquanto tenta afiná-las. Mas uma das coisas acerca da matemática que me seduziram quando criança era o preto no branco, a clareza e a agudeza do mundo das ideias matemáticas, que é tão diferente do desalinhado (mas maravilhoso!) mundo das emoções humanas e complicações interpessoais! Não é de se admirar que cientistas expressem seu entendimento em termos matemáticos, quando podem!

Como se tem dito amiúde, entender alguma coisa é convertê-la em matemática, e eu espero que isso possa finalmente acontecer até no campo da psicologia e da sociologia, algum dia. Este é o meu viés, que o ponto de vista matemático possa contribuir para tudo, que seja capaz de ajudar a esclarecer qualquer coisa. A matemática é um meio de caracterizar ou expressar uma **estrutura**. E o universo parece ter sido construído, em algum nível fundamental, a partir da estrutura matemática. Falando metaforicamente, parece que Deus é um matemático, e que a estrutura do mundo – os pensamentos de Deus! – é matemática, que esta é o novelo a partir do qual o mundo é tecido, o lenho a partir do qual o mundo é construído...

Quando eu era criança a febre da teoria da relatividade (Einstein) e da mecânica quântica estava crescendo, e a febre do DNA e da biologia molecular não havia ainda começado. Qual era a nova grande coisa então? O Computador! E algumas pessoas referiam-se a ele como os "Gigantes Cérebros Eletrônicos".

Como criança eu estava fascinado pelos computadores. Primeiro de tudo, porque era um grande brinquedo, um meio artístico de criação infinitamente maleável. Eu amava programar! Porém, acima de tudo, porque o computador era (e ainda é!) um maravilhoso novo conceito matemático e **filosófico**. O computador é até mais revolucionário como **ideia**, do que como um dispositivo prático que modifica a sociedade – e todos nós sabemos o quanto ele mudou nossas vidas. Por que digo isso? Bem, o computador mudou a epistemologia, mudou o significado do "entender". Para mim, você entende algo se você puder programá-lo. (Você, não qualquer outra pessoa!). Do contrário, você efetivamente não entendeu a coisa, você apenas **pensa** que entendeu.

E, como veremos, o computador muda seu modo de fazer matemática, muda o tipo de modelos matemáticos do mundo que você edifica. Em miniatura, Deus agora parece um programador, não um matemático. O computador provocou um desvio paradigmático: ele sugere uma filosofia digital, sugere um novo olhar para o mundo, no qual cada coisa é discreta e nada é contínuo, no qual tudo é informação digital, 0's e 1's. Assim, eu era naturalmente atraído por essa revolucionária nova ideia.

E acerca do assim chamado mundo real do dinheiro, impostos, moléstias, morte e guerra? E sobre o "melhor dos mundos possíveis, no qual tudo é um mal necessário"!? Bem, eu prefiro ignorar este mundo insignificante e concentrar-me, ao invés, no mundo das ideias, na busca do entendimento. Em vez de baixar meus olhos para o lamaçal, que tal olhar para as estrelas? Por que você não tenta? Talvez você irá gostar deste tipo de vida, também!

De qualquer modo, você não precisa ler essa digressão de cabo a rabo. Pule direto para qualquer página que você queira e na primeira leitura salte qualquer coisa que lhe pareça difícil. Talvez, depois não lhe parecerá efetivamente tão difícil... Penso que as ideias básicas são simples. E eu não estou interessado realmente em ideias complicadas, estou apenas interessado em ideias fundamentais. Se a resposta for extremamente complicada, penso que, provavelmente, isso signifique que eu fiz a pergunta errada!

Nenhum homem esta ilhado, e praticamente cada página deste livro recebeu os benefícios das discussões com Françoise Chaitin-Chatelin durante a década passada; ela queria de há muito, que eu escrevesse este livro. A Gradiva, uma editora portuguesa, proporcionou-me uma estimulante visita a Portugal em janeiro de 2004. Durante esta viagem fiz uma palestra na Universidade de Lisboa sobre o Capítulo Quatro, do presente volume.

Estou grato a Jorge Aguirre por convidar-me a apresentar este livro na Escola de Verão na Universidade do Rio Cuarto em Córdoba, Argentina, em fevereiro de 2004; os comentários dos alunos foram extremamente úteis. E Cristian Calude providenciou-me um ambiente agradável no qual pude terminar esse trabalho, no seu Centro de Matemática Discreta e Ciência Teórica da Computação, na Universidade de Auckland.

Finalmente, sou imensamente grato a Nabil Amer e ao Departamento de Física na IBM Thomas J. Watson Research Center em Yorktown Heights, Nova York (minha base entre as viagens) pelo apoio que deram ao meu trabalho.

METAMAT!

Sem a matemática não podemos penetrar no fundo da filosofia.
Sem a filosofia não podemos penetrar no fundo da matemática.
Sem as duas não penetramos no fundo de nada.

LEIBNIZ

A filosofia está escrita nesse enorme livro que continuamente está aberto diante de nossos olhos (digo, o universo) mas não se pode entender se primeiro não se aprende a entender a língua e conhecer os caracteres nos quais está escrito. Está escrito na língua matemática e os caracteres são triângulos, círculos e outras figuras geométricas sem cujos meios é impossível entender humanamente palavra; sem os quais é um girar em vão por um escuro labirinto

GALILEU

FRANZ KAFKA: DIANTE DA LEI

Diante da lei está sentado um porteiro. Deste porteiro, aproxima-se um homem do campo e pede-lhe para entrar na lei. Mas o porteiro lhe diz que agora ele não pode permitir a sua entrada. O homem reflete e depois pergunta se mais tarde então ele poderá entrar. "É possível", diz o porteiro, "mas não agora."

Já que o portão está aberto para a lei, como sempre, e o porteiro se afastou para o lado, o homem curva-se para ver, pelo portão, o interior. Quando o porteiro percebe isso, ele ri e diz: "Se isto o atrai tanto, tente, apesar de minha proibição, entrar. Mas observe: Eu sou poderoso. E eu sou apenas o porteiro de mais baixo grau. Mas de sala em sala há porteiros, um mais poderoso do que o outro. E já a simples visão do terceiro eu não posso mais nem sequer suportar".

Por tais dificuldades o homem do campo não esperava; a lei deveria ser acessível a cada um e sempre, ele pensa, mas, ao examinar com mais acuidade o porteiro em seu casaco de pele, seu grande nariz pontudo, sua longa e rala barba negra de tártaro, decidiu que seria melhor esperar até que recebesse a permissão de entrar.

O porteiro dá-lhe um banquinho e o deixa sentar-se ao lado, diante do portão.

Lá ele fica sentado dias e anos.

Ele faz muitas tentativas para que lhe permitam entrar, e cansa o porteiro com seus pedidos. O porteiro lhe propõe amiúde pequenas inquirições, pergunta-lhe sobre sua terra natal e muitas outras coisas; são, porém, perguntas feitas com desinteresse, como os grandes senhores as propõem, e, para concluir, lhe diz sempre novamente que ele ainda não pode deixá-lo entrar.

O homem, que havia se equipado com muitas coisas para a sua viagem, usa tudo, não se importando quão valioso seja tais coisas, a fim de subornar o porteiro. Este, é verdade, aceita tudo, mas, na ocasião, diz: "Eu aceito isso apenas para que você não creia que faltou com algo".

Durante muitos anos o homem observa o porteiro quase ininterruptamente. Ele se esquece dos outros porteiros e somente este primeiro lhe parece ser o único obstáculo para entrar na lei. Ele maldiz a má sorte nos primeiros anos, sem nenhum respeito e em alta voz. Mais tarde, ao ficar velho, ele ainda resmunga para si. Ele se torna infantil e, visto que no estudo por longos anos dedicado ao porteiro viera a conhecer também as pulgas de seu casaco de pele, também pediu às pulgas que o ajudassem a persuadir o porteiro.

Finalmente sua vista enfraquece e ele não sabe se realmente está mais escuro ao seu redor, ou se apenas os seus olhos o enganam. Mas, neste momento, ele reconhece bem na escuridão, um brilho que irrompe inextinguivelmente do portão que dá entrada para a lei. Porém agora ele não tem mais muito tempo para viver.

Antes de morrer, todas as experiências do tempo inteiro confluem, em sua cabeça, para uma pergunta, que até agora não propusera ao porteiro. Ele lhe acena, visto que não pode mais endireitar seu corpo enrijecido. O porteiro tem de curvar-se profundamente para ele, pois a grande diferença se transformara em forte desvantagem para o homem.

"O que, pois, você ainda quer saber agora?" – pergunta o porteiro. "Você é insaciável"; "Todos aspiram à lei" – diz o homem – "então como é que durante tantos anos ninguém, exceto eu, pediu para entrar?"

O porteiro se dá conta de que o homem já está chegando ao fim e, para alcançar ainda sua esvaecida audição, berra-lhe: "Aqui, ninguém mais poderia entrar, pois esta entrada foi destinada somente a você. Agora eu me vou e fecho o portão".

(Tradução de Gita e J. Guinsburg)

[Observa-se que, em hebraico, "Torá" é "Lei" e que também significa "Verdade". Orson Welles apresenta uma bela leitura dessa parábola bem no início de seu filme *O Processo*, uma versão deste relato de Kafka]

INTRODUÇÃO

No seu livro *Everything and More: A Compact History of Infinity* (Tudo Isso e Mais: Uma História Compacta do Infinito), David Foster Wallace refere-se a Gödel como sendo o "absoluto Príncipe das Trevas da moderna matemática" (p. 275) e afirma que, por causa dele, "nos últimos setenta anos, a matemática pura paira no ar" (p. 284). Em outros termos, segundo Wallace, desde que Gödel publicou seu famoso artigo, em 1931, a matemática ficou suspensa no ar sem ter nada parecido com uma base apropriada que a sustentasse.

Agora, já é mais do que tempo para que esses pensamentos tenebrosos sejam postos permanentemente em descanso. A velha visão de uma matemática formal e rigorosa, totalmente mecânica e completamente estática, formulada por Hilbert há um século, constituiu uma tentativa mal conduzida que pretendeu demonstrar a absoluta certeza do raciocínio matemático. Já é tempo de nos recuperarmos dessa doença!

O trabalho que Gödel apresentou, em 1931, sobre a incompletude, bem como o de Turing, em 1936, sobre a incomputabilidade, e o meu próprio estudo acerca do papel da informação, do acaso e da complexidade, provou, de maneira cada vez mais incisiva, que o papel atribuído por Hilbert ao formalismo na matemática serve bem mais bem às linguagens dos programas de computador, pois **são** de fato formalismos passíveis de serem mecanicamente interpretados – mas são formalismos para a computação e o cálculo, não para o raciocínio, não para demonstrar teoremas e, mais enfaticamente, não para inventar novos conceitos matemáticos, nem para fazer novas descobertas matemáticas.

Em minha opinião, a concepção de que a matemática proporciona certeza absoluta e é estática e perfeita, enquanto a física é de natureza experimental e evolui constantemente, constitui uma falsa dicotomia. Na realidade, a matemática não difere em nada da física. Ambas são tentativas da mente humana com o fito de organizar e dar sentido à experiência humana; no caso da física, experiência no laboratório, no mundo físico; no caso da matemática, experiência no computador, na área mental da imaginação da matemática pura.

A matemática está longe de ser estática e perfeita; ela está constantemente evoluindo, mudando a todo instante e plasmando-se em novas formas. Novos conceitos continuamente transformam a matemática e criam novos campos, novos pontos de vista, novas ênfases e novas questões para serem respondidas. E os matemáticos, na realidade, se utilizam de novos princípios não provados, sugeridos pela experiência computacional, precisamente como um físico procederia.

Ao descobrir e criar novas matemáticas, os matemáticos estribam-se, eles próprios, na intuição e na inspiração, em motivações inconscientes e impulsos, e no seu senso estético, tal como agiria qualquer artista criativo. Os matemáticos não levam vidas "racionais", mecanicamente lógicas. Como qualquer artista criador, eles são pessoas emocionalmente apaixonadas, que cuidam profundamente de sua arte, e são motivados de maneira informalmente excêntrica por forças misteriosas, mas não por dinheiro, nem por uma preocupação ligada a "aplicações práticas" de seu trabalho.

Eu sei disso, porque sou um desses loucos! Desde o começo, durante toda a minha vida, tais questões me obsedam. E eu darei a você, leitor, uma visão de quem está por dentro de tudo isso, um informe de primeira mão, diretamente do *front*, lá onde ainda existe um bocado de luta, muito empurrão e muita cotovelada entre diferentes modos de ver. Na realidade, questões básicas como essas nunca são propostas, nem jamais postas de lado definitivamente, elas têm um meio de voltar à superfície, de reaparecer subitamente em forma transmutada, de poucas em poucas gerações...

Eis, pois, sobre o que versa este livro: acerca do questionamento do próprio raciocínio, dos seus limites, do papel da criatividade e da intuição, das fontes de novas ideias e de novo conhecimento. Trata-se de uma tarefa colossal, e eu entendo apenas um pouquinho disso, das áreas em que eu mesmo trabalhei ou experienciei. Parte disso **ninguém** entende muito bem, é uma tarefa para o futuro. E **você**, leitor?! Talvez você possa fazer alguma coisa nessa área. Talvez você possa afastar em um ou dois milímetros a escuridão! Talvez possa vir com uma importante ideia nova, talvez possa imaginar um novo tipo de pergunta a fazer! Talvez você possa transformar o panorama, olhando-o a partir de um novo ponto de vista! É tudo o que se precisa, apenas uma ideiazinha nova e toneladas de trabalho árduo para desenvolvê-la e convencer as outras pessoas! Talvez você possa deixar um risco na rocha da eternidade!

Lembre-se que a matemática é uma livre criação da mente humana e, como disse Cantor – o inventor da moderna teoria da infinitude, descrita por Wallace –, a essência da matemática reside na liberdade, na liberdade de criar. A história, porém, julga essas criações por sua beleza duradoura e pela extensão com que elas iluminam outras ideias matemáticas ou o universo físico, em suma, por sua "fertilidade". Assim como a beleza dos seios de uma mulher ou a deliciosa curva de seus quadris concerne à concepção e não simplesmente ao deleite dos pintores e fotógrafos, da mesma maneira a beleza das ideias matemáticas tem algo a ver com sua "fertilidade", na medida em que ela nos esclarece, ilumina, inspira outras ideias e sugere insuspeitas conexões e novos pontos de vista.

Qualquer pessoa pode definir um novo conceito matemático – e muitos artigos de matemática o fazem – mas somente sobrevivem os que são belos e fecundos. É uma espécie daquilo que Darwin denominou "seleção sexual", que é o modo como os animais (inclusive nós) escolhem seus pares pela beleza. Esta é uma parte da teoria original de Darwin acerca da evolução, aspecto a respeito do qual hoje em dia não se ouve falar muito, mas que, em minha opinião, deve ser preferido às concepções da evolução biológica, expressas em sentenças como a "sobrevivência do mais apto" e a "natureza se avermelha nos dentes e garras". Como exemplo dessa infeliz omissão, vários capítulos sobre a seleção sexual foram completamente eliminados da bela edição de *The Descent of Man*, de Darwin, que eu tenho a sorte de possuir!

Assim, isso dá alguma ideia dos temas que explorarei com você, leitor. Permita-me agora delinear o conteúdo do livro.

INTRODUÇÃO

RESUMO DO LIVRO

Eis o nosso caminho para Ω:

- No primeiro capítulo, dir-lhe-ei como a ideia do computador entrou na matemática e rapidamente estabeleceu sua utilidade.
- No segundo capítulo, adicionarei a ideia de informação algorítmica e de mensuração de tamanho de programas de computador.
- No *intermezzo* vou discutir brevemente argumentos físicos contra números reais de precisão infinita.
- No quarto capítulo, analiso tais números sob um ponto de vista matemático.
- Finalmente, o quinto capítulo apresenta minha análise, com base na teoria da informação, daquilo que o raciocínio matemático pode ou não pode lograr. Aqui Ω aparece em toda a sua glória.
- Um breve capítulo conclusivo discute a criatividade...
- E há também uma pequena lista de livros sugeridos, peças de teatro e até musicais!

E agora vamos ao trabalho...

UM

TRÊS ESTRANHOS AMORES: PRIMOS/GÖDEL/LISP

Eu sou um matemático e este é um livro sobre matemática. Assim, eu gostaria de começar partilhando com você minha visão da matemática: por que ela é bela, como progride e o que nela me fascina. E, para fazê-lo, vou historiar alguns casos. Penso que é útil efetuar observações gerais acerca da matemática sem apresentar certos exemplos específicos. Assim, você, leitor, e eu iremos juntos exercitar um pouco de matemática de verdade: uma matemática importante, uma matemática significativa. Tentarei torná-la o mais fácil possível, mas vou lhe mostrar a coisa verdadeira! Caso você não entenda algo, o meu conselho é o de simplesmente passar por cima para sentir o gosto do que está acontecendo. Então, se você estiver interessado, volte mais tarde e tente trabalhar o problema com lápis e papel, devagar e do seu jeito, olhando os exemplos e casos especiais. Ou você pode simplesmente pular toda a matemática e ler as observações gerais acerca da natureza da matemática e do empreendimento matemático que meus exemplos pretendem ilustrar!

Neste capítulo, tentarei, em particular, defender o ponto de vista de que o computador não é apenas uma indústria de um bilhão (ou será de um trilhão?) de dólares, mas é também – o que é mais importante para mim – um novo conceito, extremamente significativo e fundamental, que muda a maneira de pensar problemas matemáticos. Sem dúvida, você pode usar um computador para checar exemplos ou para efetuar cálculos massivos, mas não é disso que estou falando. Interesso-me pelo computador como uma nova **ideia**, um conceito filosófico novo e fundamental que transforma a matemática, que resolve melhor velhos problemas e sugere outros novos, que modifica nosso modo de pensar e nos ajuda a entender melhor as coisas, e que nos proporciona radicalmente novos *insights*...

Eu deveria logo dizer que discordo completamente daqueles que afirmam que o campo da matemática incorpora eternamente uma perfeição estática, e que as ideias matemáticas não são humanas, nem mutáveis. Ao contrário, esses estudos de caso, essas histórias intelectuais ilustram o fato de que a matemática está constantemente em evolução e mudança, e que nossa perspectiva, mesmo nas questões de matemática básica e mais aprofundada, se desloca, amiúde, de maneira surpreendente e inesperada[1]. Tudo o que ela necessita é de uma nova ideia! Você precisa apenas estar inspirado e depois trabalhar feito louco para desenvolver sua nova concepção. De início, as pessoas irão combatê-lo, mas, se você estiver certo, então todos dirão, no fim de contas, que **obviamente** era o melhor modo de encarar o problema, e que sua contribuição foi pequena ou nula! De certa maneira, este é o maior dos cumprimentos. E isto foi exatamente o que aconteceu com Galileu; ele é um bom exemplo desse fenômeno na história das ideias. A mudança de

[1] Ver também a história das provas de que há números transcendentes no Capítulo Quatro.

paradigma pela qual ele lutou tão arduamente é agora uma ideia tão absoluta, total e considerada de modo tão cabal como certa, que não podemos mais entender o quanto Galileu efetivamente contribuiu! Não podemos mais conceber qualquer outro modo de pensar o problema!

E, conquanto as ideias e o pensamento matemáticos estejam em constante evolução, você também verá que a maioria dos problemas básicos fundamentais nunca desaparece. Muitos desses problemas remontam aos antigos gregos, e talvez mesmo aos antigos sumérios, embora nunca possamos ter certeza disso. As questões filosóficas basilares, como o do contínuo *versus* o discreto ou dos limites do conhecimento, **nunca** foram resolvidas de forma definitiva. Cada geração formula suas próprias respostas, personalidades fortes impõem sumariamente suas concepções, mas o sentimento de satisfação é sempre temporário, e então o processo continua, e continua para sempre. Isto porque se você quiser estar apto a enganar a si mesmo com a ideia de que resolveu um problema realmente fundamental, você deve fechar os olhos e concentrar-se apenas num pequeno aspecto do problema. Sim, por um momento você pode fazê-lo, você pode e poderá progredir deste modo. Mas, após um breve momento de júbilo pela "vitória", você, ou quaisquer outras pessoas que o seguir, começará a perceber que a versão do problema por você resolvido era apenas uma brincadeira em relação ao problema real, era aquele tipo de brincadeira que deixa de lado aspectos significativos da questão, aspectos que, de fato, você **teve** de ignorar a fim de conseguir chegar a algum lugar. E tais aspectos esquecidos do problema nunca somem inteiramente: Ao contrário, esperam pacientemente do lado de fora da sua aconchegante construçãozinha mental, esperando o seu momento propício, sabendo que em algum ponto alguém terá de tomá-los a sério, mesmo que isso leve centenas de anos para ocorrer!

Finalmente, permita-me também dizer que a história das ideias é, penso eu, o melhor meio de aprender matemática. Sempre detestei os compêndios. Sempre detestei livros cheios de fórmulas, livros secos, opiniões descoradas, sem personalidade! Os livros que eu amava eram livros em que transparece a personalidade do autor, livros com montes de palavras, explicações e ideias, não só de fórmulas e equações! Eu continuo crendo que o meio de aprender uma nova ideia é o de ver a sua história, ver como e por que alguém foi forçado a passar pelo doloroso e maravilhoso processo de dar nascimento a uma nova ideia! Para a pessoa que a descobriu, a nova ideia parece inevitável e inescapável. O primeiro artigo pode ser desajeitado, a primeira prova pode não ser bem polida, mas é para você uma criação bruta, tão confusa como fazer amor, tão confusa como dar à luz! Mas você ao menos **há** de estar apto a ver de onde proveio a nova ideia. Se uma prova é "elegante", se for o resultado de duzentos anos de enjoado polimento, ela será tão inescrutável como uma direta revelação divina, e será impossível adivinhar como alguém poderia tê-la descoberto ou inventado. Ela não lhe fornecerá nenhum *insight*, nada, provavelmente nada em absoluto.

Basta de papo! Comecemos! Terei muito mais a dizer depois de examinar alguns poucos exemplos.

UM EXEMPLO DA BELEZA DA MATEMÁTICA: O ESTUDO DOS NÚMEROS PRIMOS

Os primos

$$2, 3, 5, 7, 11, 13, 17, 19, 23, 29, 31, 37,...$$

são números inteiros, sem divisores exatos, exceto quando divididos por eles próprios e por 1. Em geral, é melhor não considerar o número 1 como primo por razões técnicas (pois você poderá conseguir uma única fatoração em números primos, como se pode ver abaixo). Assim, 2 é o único primo par e

$$9 = 3 \times 3, \ 15 = 3 \times 5, \ 21 = 3 \times 7, \ 25 = 5 \times 5,$$

$$27 = 3 \times 9, \ 33 = 3 \times 11, \ 35 = 5 \times 7...$$

não são primos. Se você continuar fatorando um número, você deverá decompô-lo para, no fim, chegar aos primos, não tendo mais como prosseguir. Por exemplo:

$$100 = 10 \times 10 = (2 \times 5) \times (2 \times 5) = 2^2 \times 5^2.$$

Alternativamente,

$$100 = 4 \times 25 = (2 \times 2) \times (5 \times 5) = 2^2 \times 5^2.$$

Observe que o resultado final é o mesmo. Este é o caso que já havia sido demonstrado por Euclides há dois mil anos. Porém, o que é bastante espantoso, é que uma demonstração muito mais simples foi descoberta recentemente (no século XX). Todavia, para tornar as coisas mais fáceis nesse capítulo, não farei uso desta descoberta por esta apresentar o mesmo caso de sempre, de que a fatoração em números primos é única. Assim, podemos ir em frente sem mais demora; não precisamos provar isso.

Os antigos gregos chegaram a todas essas ideias faz dois milênios e, desde então, elas têm encantado os matemáticos. O fascinante é que, simples como são os números inteiros e os primos, ainda assim é fácil propor questões diretas e claras a seu respeito que **ninguém** sabe como responder, e podemos dizer que nem mesmo daqui a dois mil anos, nem sequer os melhores matemáticos do mundo, saberão!

Agora eu gostaria de mencionar duas ideias que discutirei bem mais adiante: **a irredutibilidade** e **o acaso**.

Primos são *números irredutíveis*, irredutíveis via multiplicação, via fatoração...

E o que é misterioso com os primos é que eles parecem estar espalhados de maneira casual, aleatória. Em outros termos, os primos exibem certa espécie de *acaso*, uma vez que os pormenores locais da distribuição dos primos não mostram uma ordem aparente, ainda que possamos calculá-los um a um.

A propósito, os Capítulos 3 e 4 de Stephen Wolfram, no livro *A New Kind of Science* (Uma Nova Espécie de Ciência), fornecem muitos outros exemplos de regras simples que produzem comportamentos extremamente complicados. Mas os primos constituem um primeiro exemplo desse fenômeno percebido pelas pessoas.

Por exemplo, é fácil encontrar um intervalo arbitrariamente grande entre os números primos. Para determinar $N - 1$ números não primos numa fileira – são chamados números compostos – basta multiplicar todos os números inteiros de um 1 até N (o que se indica como $N!$, e se lê N fatorial), e adicionar 2, 3, 4, até N, um de cada vez, ao produto $N!$:

$$N! + 2, N! + 3, \ldots N! + (N-1), N! + N.$$

Nenhum desses números é primo. Na realidade, o primeiro deles é divisível por 2, o segundo é divisível por 3, e o último é divisível por N. Mas, na verdade, você não precisa ir tão longe.

De fato, o tamanho dos intervalos entre os números primos também se apresenta como se saltasse bastante ao acaso. Por exemplo, parece haver uma quantidade infinita de primos gêmeos, isto é, primos ímpares consecutivos, separados por um único número par. A evidência computacional é muito persuasiva. Mas ninguém até agora logrou comprová-lo.

E é fácil demonstrar que há infinitos números primos – irei fazê-lo adiante, de três modos diferentes –, mas não importa em que direção você caminha, rapidamente você há de se deparar com resultados que são previstos, porém ninguém sabe como prová-los. Assim, as fronteiras do conhecimento estão próximas, na realidade, extremamente próximas.

Por exemplo, considere "perfeitos" números como o 6, que é igual à soma de todos os seus divisores – divisores menores que o próprio número – pois 6 = 3 + 2 + 1. Ninguém sabe se há infinitos números perfeitos. O que se sabe é que cada primo da forma $2^n - 1$, ou seja, cada primo de Mersenne, como é chamado, fornece um número perfeito, isto é, $2^{n-1} \times (2^n - 1)$, e existem inúmeros primos de Mersenne, sendo, deste modo, cada número par perfeito, gerado a partir de um primo de Mersenne. Porém, ninguém sabe se há infinitos números primos de Mersenne, assim como ninguém sabe se há **qualquer** número perfeito ímpar. Ninguém jamais viu um deles e, se o visse, este deve ser muito grande, mas ninguém sabe ao certo o que ocorre aí...[2]

Portanto, de imediato você chega à fronteira, diante de perguntas que ninguém sabe como responder. Não obstante, muitos jovens estudantes de matemática, crianças e adolescentes, mordidos pelo bicho da matemática, debruçam-se sobre esses problemas na esperança de serem bem sucedidos, lá onde todos os demais falharam. Isso de fato pode acontecer! Ou, no mínimo, poderão descobrir alguma coisa interessante ao longo do caminho, mesmo que não consigam percorrer todo o trajeto até o seu objetivo final. Algumas vezes um novo olhar é melhor, outras vezes é melhor não saber o que os outros estão fazendo, especialmente se estiverem indo, de algum modo, em direção errada!

Por exemplo, uma descoberta recente feita por dois alunos e seu professor, na Índia, trouxe um algoritmo que é rápido para checar se um número é primo. Trata-se de um algoritmo simples que escapou a todos os especialistas. Meu amigo, o professor Jacob Schwartz, do Courant Institute da Universidade de Nova York, teve a ideia de incluir nos exames finais de seus alunos uns poucos problemas famosos sem solução na matemática, na esperança de que um aluno brilhante, porém não informado do caso, pudesse de fato lidar com a questão para resolver um deles!

[2] Para saber mais sobre o tema, leia a bela história das ideias de Tobias Dantzig, *Number, The Language of Science*.

Sim, milagres podem acontecer. Mas não com frequência. E a questão de saber se o nosso conhecimento atual está nos sobrecarregando é, de fato, um problema sério.

Serão os primos o conceito certo? E quanto aos números perfeitos? Um conceito é tão bom quanto os teoremas a que conduz, e somente nesta medida. Talvez tenhamos seguido pistas erradas. Caberá perguntar, até que ponto a nossa matemática corrente é puro hábito, e até que ponto ela é essencial? Em vez de nos preocuparmos com os números primos, talvez devêssemos nos preocupar com o oposto, com os "números maximamente divisíveis"! De fato, o brilhante matemático intuitivo Ramanujan, que era autodidata, e Doug Lenat, do programa de inteligência artificial MA (sigla para Matemático Automático), ambos chegaram justamente ao conceito acima referido. Seria a matemática dada em outros planetas por alienígenas inteligentes, semelhante ou muito diferente da nossa?

Como disse o grande matemático francês, Henri Poincaré, "Il y a les problèmes que l'on se pose, et les problèmes que se posent"! (Há problemas que a gente se coloca, e há problemas que se colocam!) Assim, cumpre perguntar quão inevitáveis são os nossos conceitos correntes? Se a evolução tivesse uma reprise, os seres humanos reapareceriam? Se a história da matemática tivesse uma reprise, os números primos reapareceriam? Não é certo! Wolfram examinou essa questão no Capítulo 12 de seu livro, e apresentou exemplos interessantes que sugerem ser a nossa matemática muito mais arbitrária do que a maioria das pessoas pensa.

De fato, os alienígenas estão precisamente aqui, em nosso próprio planeta! Esses espantosos animais australianos e os matemáticos de séculos anteriores são os alienígenas, e são muito diferentes de nós.

A moda e o estilo matemáticos variam substancialmente como uma função do tempo, mesmo em comparação ao passado recente...

De qualquer maneira, aqui vem o nosso primeiro caso de estudo da história das ideias na matemática. Por que há infinitos números primos?

A PROVA DE EUCLIDES DA EXISTÊNCIA DE INFINITOS NÚMEROS PRIMOS

Demonstraremos que há infinitos números primos, assumindo existir apenas um número finito deles e derivando daí uma contradição. Esta é uma estratégia comum nas provas matemáticas, que recebe o nome em latim de *reductio ad absurdum*, ou seja, de "redução ao absurdo".

Assim, vamos supor o oposto daquilo que desejamos provar, ou seja, que existe apenas um número finito de números primos, e que K, de fato, seja o último desses números primos. Consideremos agora

$$1 + K! = 1 + (1 \times 2 \times 3 \times \ldots \times K).$$

Este é o produto de todos os números inteiros positivos até aquele que admitimos ser o último primo, adicionado de um. Porém, quando este número é dividido por qualquer primo, ele deixa um resto igual a 1! Destarte, ele deve, por sua vez, ser um número primo! Isto é uma contradição! Assim, a nossa assunção inicial, segundo a qual K seria o nosso primo de maior valor, acaba sendo falsa.

UM
TRÊS ESTRANHOS AMORES: PRIMOS/GÖDEL/LISP

Eis um outro modo de colocar a questão. Suponha que todos os primos conhecidos por nós sejam menores ou iguais a N. Como poderemos provar a existência de um número primo maior do que ele? Bem, consideremos $N! + 1$. Fatoremos esse número completamente até obtermos somente seus fatores primos. Cada um desses primos deverá ser maior do que N, porque nenhum número $\leq N$ divide $N! + 1$ exatamente. Portanto, o próximo número primo maior do que N deverá ser $\leq N! + 1$.

Esta prova, uma verdadeira obra-prima, nunca foi igualada, embora já tenha dois mil anos de idade! O equilíbrio entre os meios e os fins é dos mais notáveis. E demonstra que as pessoas eram tão inteligentes há dois mil anos como o são agora. Por outro lado, entretanto, extensas provas iluminam outros aspectos do problema e conduzem a outras direções... De fato, há muitas demonstrações interessantes da existência de infinitos números primos. Vou apresentar duas das que mais gosto. Você pode passar ligeiro sobre elas, se quiser, ou omiti-las. O mais importante é entender a prova original de Euclides!

A PROVA DE EULER DA EXISTÊNCIA DE INFINITOS NÚMEROS PRIMOS

Advertência: esta é a prova mais difícil deste livro. Não fique entalado nela. Daqui para frente não darei nenhuma prova extensa, limitar-me-ei a explanar a ideia geral. Mas esta é efetivamente uma bela peça de matemática, produzida por um matemático maravilhoso. Ela pode não ser a sua maneira favorita de provar a

METAMAT!

existência de infinitos números primos – mas talvez seja arrasadora –, porém mostra quão longe você pode chegar com alguns passos de algo que é essencialmente matemática de escola secundária. Mas eu quero realmente encorajá-lo a fazer um esforço para entender a prova de Euler. Não creio em gratificações instantâneas. Vale a pena um esforço sustentado para compreender esta peça única da matemática; ela parece longa, mas trata-se de uma estimulação lenta premiada por um prazer final de entendimento!

Efetuemos primeiro a soma daquilo que se chama uma série geométrica infinita:

$$1 + r + r^2 + r^3 + \ldots = 1/(1-r)$$

Isso vale na medida em que o valor absoluto de r é menor do que 1. *Prova*:

Seja a soma $1 + r + r^2 + r^3 + \ldots + r^n$, representada por S_n

$$S_n - (r \times S_n) = 1 - r^{n+1}$$

Logo, $(1-r) \times S_n = 1 - r^{n+1}$

e $S_n = \dfrac{(1 - r^{n+1})}{(1 - r)}$.

De modo que S_n tende para $\dfrac{1}{(1-r)}$ à medida em que n vai para o infinito,

pois, se $-1 < r < 1$, então r^{n+1} tende a 0
na medida em que n tende para o infinito
(tornando-se cada vez maior).

Destarte, acabamos de somar uma série infinita! Vamos checar se o resultado faz algum sentido. Bem, tomemos o caso especial em que $r = \frac{1}{2}$. Então o nosso resultado será o seguinte:

$$1 + \frac{1}{2} + \frac{1}{4} + \frac{1}{8} + \frac{1}{16} + \frac{1}{32} + \frac{1}{64} + \ldots + \frac{1}{2^n} + \ldots$$

$$= \frac{1}{(1-r)} = \frac{1}{\left(\frac{1}{2}\right)} = 2,$$

que é correto. O que aconteceria se r fosse exatamente zero? Então a série infinita tornar-se-ia $1 + 0 + 0 + 0\ldots = 1$, que vale $1/(1-r)$ com $r = 0$. E se r for um pouquinho maior do que 0, então a soma será também um pouquinho maior do que 1. E se r for um pouquinho menor do que 1? Aí a série infinita começa a assemelhar-se a $1 + 1 + 1 + 1\ldots$ e a soma será muito grande, o que também está de acordo com nossa fórmula: pois, $1/(1-r)$ é também muito grande se r for um pouquinho menor do que 1. E para $r = 1$ tudo se esboroa e, coincidentemente, tanto a série infinita e a nossa expressão $1/(1-1) = 1/0$ para a soma darão infinito. Assim, isso deveria nos proporcionar alguma confiança quanto ao resultado.

Iremos agora somar a assim chamada "série harmônica" de todos os recíprocos dos inteiros positivos

$$1 + \frac{1}{2} + \frac{1}{3} + \frac{1}{4} + \frac{1}{5} + \ldots = \infty$$

Em outras palavras, ela diverge para o infinito e torna-se arbitrariamente grande, se você somar um número suficiente de termos da série harmônica.

Prova: compare a série harmônica com a série 1 + 1/2 + 1/4 + 1/4 + 1/8 + 1/8 + 1/8 + 1/8 + ... Cada termo da série harmônica é maior do que ou igual ao termo correspondente desta nova série, que é obviamente igual a 1 + 1/2 + 1/2 + 1/2 + ... e diverge, portanto, para o infinito.

A série harmônica, porém, é menor ou igual ao produto de

$$\frac{1}{\left(1 - \frac{1}{p}\right)} = 1 + \frac{1}{p} + \frac{1}{p^2} + \frac{1}{p^3} + \dots$$

para todos os números primos p. (Esta é a soma de uma série geométrica com razão $r = 1/p$.) Por quê? Porque o recíproco de qualquer número pode ser expresso como um produto

$$\frac{1}{(p^\alpha \times q^\beta \times r^\gamma \times \dots)}$$

dos recíprocos das potências dos números primos p^α, q^β, r^γ ...

Em outras palavras,

$$1 + \frac{1}{2} + \frac{1}{3} + \frac{1}{4} + \frac{1}{5} + \frac{1}{6} + \frac{1}{7} + \frac{1}{8} + \frac{1}{9} + \frac{1}{10} + \dots \leq$$

$$(1 + \frac{1}{2} + \frac{1}{4} + \frac{1}{8} + \frac{1}{16} + \dots) \times (1 + \frac{1}{3} + \frac{1}{9} + \frac{1}{27} + \frac{1}{81} + \dots)$$

$$\times (1 + \frac{1}{5} + \frac{1}{25} + \frac{1}{125} + \frac{1}{625} + \dots) \times \dots$$

Uma vez que o lado esquerdo desta desigualdade diverge para o infinito, o lado direito também deverá divergir, de modo que deve haver infinitos números primos!

Isto conduz a fórmula do produto de Euler para a função Zeta de Riemann, como irei explicar a seguir.

Na realidade, a fatoração em números primos é única. (Exercício para matemáticos iniciantes: Será que você pode provar isso pelo método de série infinita decrescente? Assuma que N é o menor inteiro positivo que possui duas fatorações diferentes em números primos, e prove que o menor inteiro positivo deve ter também esta propriedade. Porém, na verdade 1, 2, 3, 4, 5, todos eles possuem uma única fatoração, e se você continuar seguindo, deveremos finalmente chegar àquele número! Que contradição!)[3]

Assim, um caso especial daquilo que é conhecido como a fórmula do produto de Euler, $1 + 1/2 + 1/3 + 1/4 + 1/5... =$ (não $\leq$) ao produto de $1/(1 - 1/p)$ para todos os primos p. Trata-se, aqui, de um caso especial da seguinte fórmula mais geral:

$$\zeta(s) = 1 + \frac{1}{2^s} + \frac{1}{3^s} + \frac{1}{4^s} + \frac{1}{5^s} ... =$$

ao produto para todos os primos p de $\dfrac{1}{\left(1 - \dfrac{1}{p^s}\right)}$,

que nos fornece duas expressões diferentes para $\zeta(s)$, que é a famosa função Zeta de Riemann. Acima consideramos

---

[3] Você pode encontrar uma solução no livro de Courant e Robbins, *What Is Mathematics?*

a função ζ (1), que diverge para o infinito. O estudo moderno da distribuição estatística dos números primos depende de propriedades delicadas da função Zeta de Riemann ζ (s) para argumentos complexos do tipo $s = a + b\sqrt{-1}$, que é um assunto complicado demais para ser discutido aqui, e é de onde se origina a famosa hipótese de Riemann.

Permita-me que eu lhe conte até onde cheguei, brincando com isso, quando eu era adolescente. Você pode conseguir um bocado de coisas empregando de modo comparativo métodos elementares, além do fato de a soma dos recíprocos dos números primos divergir:

$$\frac{1}{2} + \frac{1}{3} + \frac{1}{5} + \frac{1}{7} + \frac{1}{11} + \frac{1}{13} + \frac{1}{17} + \frac{1}{23} + \ldots = \infty$$

Isso foi estabelecido por Euler, e prova que os primos não podem estar muito dispersos, ou então que esta série infinita deveria convergir para uma soma finita, em vez de divergir para o infinito.

MINHA PROVA DE QUE HÁ INFINITOS NÚMEROS PRIMOS BASEADA NA COMPLEXIDADE

Devido ao fato de haver apenas um número finito de primos diferentes que expressam um número N via fatoração por primos

$$N = 2^e \times 3^f \times 5^g \times \ldots,$$

este número deveria ser muito conciso! Esta é uma forma muito comprimida para exprimir cada número N. Há inúmeros N, e não um número suficiente de expressões tão concisas para nomear todos eles!

Em outros termos, a maior parte dos N não pode ser definida de maneira tão simples; eles são muito complexos para tanto. Sem dúvida, **alguns** números podem ser expressos de uma forma extremamente concisa. Por exemplo, 2^{99999} é uma expressão muito pequena para um número muito grande. E $2^{2^{99999}}$ é um caso ainda mais dramático. Porém, estes exemplos constituem **exceções**, são atípicos.

Em geral, N exige a ordenação dos caracteres de log N, mas uma fatoração via números primos de

$$N = 2^e \times 3^f \times 5^g \times \ldots$$

com um número fixo de primos requereria só a ordenação dos caracteres de log log N, e estes caracteres não seriam suficientes para fornecer a quantidade requerida para diferentes N!

Se você pensa em $2^e \times 3^f \times 5^g \times \ldots$ como um programa de computador para gerar N, e se houver apenas um número grande porém finito de primos, tais programas seriam muito pequenos; eles lhe permitiriam comprimir enormemente todos os N, o que é impossível, pois, em geral, o melhor modo de especificar N, via programa de computador, é dá-lo explicitamente como uma constante em um programa sem **nenhum** cálculo em geral!

Para aqueles dentre vocês que não sabem o que é a função "log", uma maneira de concebê-la é pensar no "número de dígitos necessários para escrever o número N"; o que faz isso parecer menos técnico. Na verdade, esta função aumenta de uma unidade cada vez que N é multiplicado por dez. Porém, log log N aumenta ainda mais lentamente. Ela cresce de 1 unidade cada vez que o log N é multiplicado por dez.

Não é necessário dizer que explicarei melhor essas ideias adiante. O tamanho dos programas de computação é um dos temas principais desse livro. Trata-se de nossa primeira degustação dessa nova especiaria!

DISCUSSÃO DESSAS TRÊS PROVAS

Muito bem. Acabei de esboçar três provas diferentes – muito diferentes – da existência de infinitos números primos. Uma delas tem dois mil anos, a outra cerca de duzentos anos, e a terceira, quase vinte anos de idade! Veja, agora, como são diferentes tais provas!

Assim, creio que isso faz explodir completamente o mito, tão caro aos Bourbaki quanto a Paul Erdös, de que há apenas **uma** prova perfeita para cada fato matemático, exatamente uma, a mais elegante. Erdös costumava referir-se ao "livro", ao livro de Deus com a prova perfeita de cada teorema. Seu mais alto louvor era, "esta é uma prova do livro!" Era como para os Bourbaki, este grupo empreendedor de matemáticos franceses que gostava de atribuir à produção de seus esforços coletivos o nome fictício "Nicolas Bourbaki", que travaria lutas e faria revisões sem fim de suas monografias até que tudo estivesse absolutamente perfeito. Somente a perfeição era aceitável, e nada menos do que isso!

Trata-se, em minha opinião, de uma doutrina totalitária. A verdade matemática não é totalmente objetiva. Se uma proposição matemática for falsa, não haverá provas, porém, se for verdadeira, haverá uma infinda variedade de provas, não apenas uma! As demonstrações não são impessoais, expressam a personalidade de seu criador/descobridor, tanto quanto o fazem os esforços literários. Se algo importante é verdadeiro, existirão **muitas** razões para que isto seja verdadeiro, muitas provas deste fato. A matemática é a música da razão, e muitas provas soam como jazz, outras como uma fuga. O que é melhor, o jazz ou as fugas? Nenhuma das duas: é uma questão de gosto; muita gente prefere jazz, muitos preferem as fugas, e gostos individuais não se discutem. Na verdade, tal diversidade é uma boa coisa: se todos nós amássemos a mesma mulher, seria um desastre!

E cada prova enfatizará diferentes aspectos do problema, cada uma delas conduzirá a diferentes direções. Cada uma apresentará diversos corolários, diferentes generalizações... Os fatos matemáticos não são isolados, eles são tecidos em vasta teia de interconexões como na *web*.

Como comentei antes, cada demonstração iluminará um aspecto diferente do problema. Nada é absolutamente branco ou preto; as coisas são sempre muito complicadas. Questões triviais podem ter uma resposta simples: 2 + 2 definitivamente não é 5. Porém, se você está propondo uma questão **real**, as respostas serão provavelmente do seguinte tipo: "de um lado, isso, e aquilo, de outro lado, assim e assim", mesmo no mundo da matemática pura, sem mencionar o mundo real, que é muito, muito mais desordenado do que a imaginária abstração mental da pura matemática.

Mais uma coisa a respeito dos números primos e da teoria elementar dos números é saber quão próximo você está das fronteiras do conhecimento. Sim, algumas vezes você está apto a provar algo de belo, como as nossas três provas de que a lista dos primos não tem fim. Estas, porém, são as boas questões, e elas estão em minoria! A maior parte das questões que você propõe é extremamente difícil ou impossível de responder, e mesmo quando você pode respondê-las, as respostas são extremamente complicadas e não levam a parte alguma. De certo modo, a matemática não é a arte de responder questões matemáticas, mas é a arte de apresentar as devidas questões, aquelas que podem lhe proporcionar *insight*, aquelas que podem conduzi-lo a rumos interessantes, aquelas que podem conectá-lo com uma porção de outras questões interessantes – aquelas com belíssimas respostas!

E o mapa de nosso conhecimento matemático se parece com uma autoestrada cruzando um deserto ou uma floresta perigosa; caso se desvie do caminho, você desgraçadamente se perderá ou morrerá! Em outras palavras, o mapa atual da matemática reflete aquilo com que nossas ferramentas estão habilitadas, hoje em dia, a manipular, não com aquilo que realmente está fora. Os matemáticos não gostam de falar sobre o que não conhecem, mas gostam de falar, sim, das questões com as quais a técnica e a tecnologia matemáticas correntes têm capacidade de lidar. Doutorandos muito ambiciosos nunca concluem suas teses e abandonam o ofício, infelizmente. E você pode pensar que a realidade matemática é objetiva, que não é um problema de opinião. Supõe-se que seja claro se uma prova é correta ou não. Até certo ponto! Mas não basta que uma peça de matemática esteja correta, o problema real é se ela é "interessante", e isto é absoluta e totalmente uma questão de opinião, e é algo que depende da moda matemática em voga. Assim, campos tornam-se populares e depois deixam de sê-lo, desaparecendo em seguida, tornando-se esquecidos! Nem sempre, mas algumas vezes. Apenas ideias matemáticas efetivamente importantes sobrevivem.

Mudando um pouquinho de direção, permita-me dizer-lhe que é bom quando há muitas provas diferentes de um resultado matemático de importância. Cada uma delas ilumina, como afirmei antes, um aspecto diferente do problema, revela diversas conexões e conduz a várias direções. Mas também é um fato, como observou o matemático George Pólya no seu adorável livro *How to Solve It* (Como Resolver) (que eu li quando criança), que é melhor manter-se de pé sobre duas pernas do que sobre uma. Se um resultado é importante, você desejará ardentemente encontrar outros caminhos para examinar o fato; isto é bem mais seguro. Se você dispuser de uma prova somente, e ela contiver um erro, então você ficará zerado. Contar com várias provas não só é mais seguro, como também lhe proporcionará mais *insight* e maior entendimento. Afinal de conta, o objetivo real da matemática é obter *insights*, e não meramente provas. Uma demonstração complicada e longa, que não lhe forneça introvisão, não é apenas psicologicamente insatisfatória, mas é também frágil e pode facilmente redundar em falha. E, de minha parte, prefiro provas com ideias, e não provas com montanhas de cálculos.

MINHA RELAÇÃO DE AMOR/ÓDIO
COM A PROVA DE GÖDEL

> A teoria dos números, mais do que qualquer outro ramo da matemática, começa por ser uma ciência experimental. Seus mais famosos teoremas foram todos conjeturados, tendo levado algumas vezes centenas de anos ou mais até serem provados; eles foram sugeridos pela evidência da massa de cálculos.
>
> G. H. HARDY,
> citado em Dantzig, *Number,*
> *The Language of Science*

Assim, a teoria dos números é uma ciência experimental do mesmo modo que a teoria matemática. Mas a teoria atrasa muito, fica muito atrás do experimento! E a gente se pergunta, será que ela jamais o alcançará? Será que os números primos se recusarão a serem domados? Será que o mistério permanecerá? Desde pequeno sentia-me fascinado lendo sobre essas coisas.

Então, um dia, descobri um livrinho que acabava de ser publicado, *Gödel's Proof**, de Nagel e Newman. Isto aconteceu em 1958, e trata-se de uma versão ampliada de um artigo que eu também havia lido e que fora publicado pelos dois autores no *Scientific American*, em 1956. Foi amor à primeira vista! Louco amor, um caso de amor tresloucado, amor obsessivo, o que em francês se chama *amour à la folie*.

---

* Trad. bras., *A Prova de Gödel*, São Paulo: Perspectiva, 2. ed., 2001 (N. da T.).

Aqui, de fato, se encontrava a possível explicação das dificuldades que os matemáticos haviam experimentado com os números primos: o teorema da incompletude de Gödel, segundo o qual qualquer sistema finito de axiomas matemáticos – bem como qualquer teoria matemática – é **incompleto**. De modo mais preciso, ele provou que sempre existirão asserções aritméticas – asserções acerca dos inteiros positivos, da adição e da multiplicação – que são denominadas asserções teóricas sobre números, as quais são verdadeiras, porém não comprováveis!

Esse livro andou comigo o tempo todo, e eu fiquei absoluta e totalmente fascinado, hipnotizado pela ideia toda. Havia apenas um pequeno, um minúsculo problema, felizmente, que era o fato de que, por nada neste mundo, eu conseguia entender a prova de Gödel para esse maravilhoso resultado metamatemático. Ele é assim denominado porque não é um resultado matemático, é um teorema **sobre** a própria matemática, sobre as limitações dos métodos matemáticos. Não é um resultado dentro de qualquer campo da matemática, ele está do lado de fora, olhando de cima para a matemática, trata-se de um campo por si mesmo, chamado de metamatemática!

Eu não era um idiota, então por que não conseguia entender a prova de Gödel? De fato, eu podia segui-la passo a passo, mas era como se tentasse misturar óleo com água. Minha mente continuava a resistir. Em outras palavras, não me faltava a inteligência necessária, eu apenas simplesmente não gostava da prova que Gödel apresentava para seu fabuloso resultado. Sua demonstração original parecia muito complicada, muito frágil! Parecia não penetrar no coração do problema, porque estava longe de esclarecer quão prevalente a incompletude poderia efetivamente ser.

E foi aí que a minha própria carreira como matemático decolou. Eu adorava ler a respeito da teoria dos números, amava fazer programas para computador (por exemplo, programas para calcular números primos), e não gostava da prova de Gödel, porém amava a abordagem alternativa de Turing para a incompletude, usando a ideia do computador. Eu me sentia muito à vontade com computadores. Achava que eles eram um senhor brinquedo, e adorava eliminar erros de uma programação e rodar programas de computador – programas FORTRAN (sigla de *Formula Translator*, literalmente, tradutor de fórmula) – programas de linguagem de máquinas –, eu achava que isso era um imenso divertimento mental! E, aos quinze anos, tive a ideia – antecipada por Leibniz em 1686 – de olhar para o tamanho da descrição algorítmica dos programas de computador e definir uma sequência (*string*) aleatória de *bits*, de modo que não houvesse nenhum programa para calculá-la, substancialmente menor do que ela é.

A ideia era definir uma espécie de aleatoriedade lógica, matemática ou estrutural, em oposição a uma espécie de aleatoriedade física, que o delicioso livro, *A Evolução da Física*, de Einstein e Infeld, enfatiza como sendo uma característica essencial da física quântica, a física do microcosmo. Este é mais um livro que recomendo muito para a leitura de crianças e adolescentes, pois eu o adorei naquele estágio de minha vida.

Permita-me que eu lhe explique melhor o que aconteceu; vou lhe revelar um dos segredos da criação matemática! Amei a incompletude, porém não a prova de Gödel. Por quê? Por causa da falta de equilíbrio entre os fins e os meios, entre o teorema e sua prova. Um resultado tão profundo e fundamental – filosoficamente importante – merecia uma prova densa que proporcionasse uma profunda introvisão do "porque" da incompletude, em vez de uma prova atilada que permitia apenas que você tivesse uma compreensão superficial do que estava acontecendo. Este era o meu sentimento, de base totalmente intuitiva, puro instinto, pura intuição, minha reação subconsciente, vinda das entranhas, emocional, em relação à prova de Gödel.

E assim me pus a trabalhar para que esta [a incompletude] ocorresse! Tratava-se de um ato de criação totalmente subjetivo, porque eu a **forçava** para que ela acontecesse. Como? Bem, pela mudança das regras do jogo, pela reformulação do problema, pela redefinição do contexto no qual a incompletude era discutida, de tal modo que **houvesse** uma profunda razão para que a incompletude pudesse emergir! Veja, no contexto em que Gödel trabalhou, ele fez o melhor possível. Se você fosse conservar o projeto exatamente igual àquele com o qual ele operou, aí não **haveria** uma razão mais profunda para a incompletude. E assim atuei para mudar a questão até que eu pudesse obter uma razão profunda para a incompletude. Meu instinto era de que o contexto original, em que o problema da incompletude fora formulado, deveria ser mudado para outro que permitisse entendimento semelhante mais profundo – e que este seria o contexto errado se isso não fosse possível!

Agora, você verá porque eu digo que o matemático é um criador tanto quanto um descobridor, e porque afirmo que a criação matemática é um ato totalmente pessoal.

Por outro lado, eu não teria sido bem sucedido se minhas intuições relativas à existência de uma razão a mais estivessem incorretas. A verdade matemática é maleável, porém até certo ponto!

Um outro modo de colocar esse problema é que eu queria eliminar os pormenores superficiais que, a meu ver, obscureciam essas verdades mais profundas, e me empenhei em mudar a formulação da questão a fim de que isso acontecesse. Assim, você poderia dizer que este foi um ato de pura invenção, que eu criei uma razão mais profunda para a incompletude porque desejava ardentemente que houvesse uma. Isto é verdade até certo ponto. Outra forma de apresentar o caso é que a minha intuição me segredou isso porque a ideia **queria** ser encontrada, porque era mais natural, um meio menos forçado de perceber o problema da incompletude. Assim, a partir deste ponto de vista, eu nada fiz para que isso ocorresse, ao contrário! Eu fui apenas agudamente sensível à vaga concepção de incompletude, formulada pela metade, porém mais natural, e que ficara parcialmente obscurecida na formulação original de Gödel.

Penso que ambas as visões deste ato particular de criação estão corretas: de um lado, havia uma componente *masculina* na ação de fazer alguma coisa acontecer, ignorando o consenso da comunidade quanto à forma de pensar o problema. De outro, havia uma componente *feminina* na ação de possibilitar que minha hipersensível intuição percebesse uma delicada nova verdade em relação à qual ninguém mais fora receptivo e à qual ninguém mais dera ouvido.

O propósito deste livro é explicar a você o que eu criei/descobri. Levei muitos anos de trabalho, culminando no claudicante Ω – algumas vezes denominado número de Chaitin –, descoberta da qual me orgulho muito. Precisarei de vários capítulos a fim de explicá-la bem, pois terei de construir uma estrutura intelectual apropriada para pensar acerca da incompletude e do meu número Ω.

UM
TRÊS ESTRANHOS AMORES: PRIMOS/GÖDEL/LISP

O meu primeiro passo será explicitar o ponto de partida de meu próprio trabalho, o qual, definitivamente, não residiu na prova de Gödel de 1931, mas, em vez disso, na abordagem alternativa de Turing para a incompletude, de 1936, em que a ideia de computação desempenha um papel fundamental. E é graças a Turing que as ideias de computação e de computador se tornaram uma nova força no pensamento matemático. Permita-me que eu lhe conte como isso aconteceu, depois irei ilustrar a força dessa nova ideia mostrando o modo pelo qual ela resolveu uma notável questão aberta, denominada 10º problema de Hilbert, que integra uma lista de 23 questões desafiadoras formulada por ele em 1900. Isto nos manterá ocupados durante o resto do presente capítulo.

No próximo, voltarei à minha nova ideia fundamental, à qual adicionei a de Turing, que é a minha definição de aleatoriedade e complexidade, antecipada clara e definitivamente em 1686 por Leibniz, o inventor do cálculo infinitesimal.

HILBERT, TURING & POST ACERCA DE SISTEMAS AXIOMÁTICOS FORMAIS (SAF) & INCOMPLETUDE

O primeiro passo, a fim de se estar apto a utilizar a matemática para estudar o seu poder, foi dado por David Hilbert há um século aproximadamente. Destarte, eu o considero o criador da metamatemática. Foi dele a ideia de que, para se estar capacitado a estudar o que a matemática pode alcançar, cumpre primeiro especificar completamente as regras do jogo. Foi também dele a ideia de criar um sistema axiomático formal, ou seja, um SAF, para a matemática inteira, que eliminaria todo o caráter vago da argumentação matemática, banindo qualquer dúvida acerca da correção ou não da prova matemática.

Como isso é feito? Qual é o significado disso em um sistema axiomático formal? Bem, a ideia geral é que ele é similar aos *Elementos* de Euclides, exceto pelo fato de que você precisa ser muito, muito meticuloso com respeito a todos os pormenores!

O primeiro passo é criar uma linguagem completamente formal e artificial para fazer matemática. Você especifica o alfabeto de símbolos que está usando, a gramática, os axiomas, as regras de inferência e um algoritmo para checar provas:

SISTEMA AXIOMÁTICO FORMAL DE HILBERT

Alfabeto
Gramática
Axiomas
Regras de Inferência
Algoritmo para Checar Provas

As provas matemáticas devem ser formuladas nessa linguagem sem que lhes falte **nada**, com todos os mínimos passos do raciocínio nos seus devidos lugares. Você parte dos axiomas, depois aplica as regras de inferência, uma a uma, e deduz todos os teoremas! Isto podia ser considerado como uma linguagem de programação de computador: tão precisa que uma máquina pode interpretá-la, entendê-la, checá-la. Nenhuma ambiguidade, absolutamente nenhuma! Nenhum pronome. Nenhum erro no soletrar! Gramática perfeita!

E parte desse pacote é um conjunto finito de axiomas ou postulados matemáticos, explicitamente dados quanto mais você emprega a lógica simbólica para deduzir todas as possíveis consequências dos axiomas. Os axiomas constituem o ponto de partida para qualquer teoria matemática; são tomados como autoevidentes, sem necessidade de prova. As consequências desses axiomas, e as consequências das consequências, e as consequências destas, e assim por diante, *ad infinitum*, são chamadas de "teoremas" do SAF[4].

E um elemento chave de um SAF é que existe um algoritmo para verificar as provas, um procedimento mecânico para conferir se uma prova é correta ou não. Em outros termos, há um programa de computador que pode decidir se uma prova segue ou não todas as regras. Assim, se você estiver usando um SAF para fazer matemática, então não necessita de árbitros humanos para checar se um artigo de matemática é correto antes de você publicá-lo. Basta acionar o programa de computador e ele lhe dirá se há ou não erro!

Até certo ponto não parece que isso seja pedir demais: é simplesmente a ideia de que a matemática pode atingir um rigor perfeito, de que a verdade matemática é preto no branco, de que a matemática proporciona certeza absoluta. Veremos!

---

4 Esses ingredientes já estão presentes em Euclides, exceto o fato de que alguns de seus axiomas são tácitos, alguns passos de suas demonstrações foram pulados, e ele usa o grego em vez da lógica simbólica; em outras palavras, Euclides emprega uma linguagem humana e não uma linguagem de máquina.

> Matemática = Certeza Absoluta???

O primeiro passo nesse drama, no declínio e queda da certeza matemática, foi uma ideia que eu aprendi no famoso artigo de 1936, quando Alan Turing introduziu o computador – como uma ideia matemática e não como um *hardware* real! E o mais interessante no que diz respeito a esse trabalho é o celebre problema da parada (*halting*), no qual se prova que há coisas que nenhum computador pode jamais calcular, não importa quão inteligentemente você o programe, não importa quão pacientemente você fique no aguardo de uma resposta. Na verdade, Turing encontrou essas coisas: o problema da parada e os números reais incomputáveis, que discutiremos no Capítulo Quatro.

> Turing, 1936: O Problema da Parada

Aqui vou falar apenas do problema da parada. Do que trata este problema? De saber se um programa de computador, um inteiramente autocontido e que não opere com *input/output*, jamais irá ou não se deter. Se o programa necessitar de quaisquer números, eles devem ser dados pelo próprio programa e não ser lidos a partir do mundo externo.

Desta maneira, o programa vai trabalhando passo a passo arduamente e continua assim para sempre, ou então eventualmente para, e a questão consiste em decidir qual será o caso, numa finita porção de tempo, sem que se tenha de esperar eternamente até que ele se detenha.

E Turing conseguiu chegar a um resultado fundamental ao extremo, provando que não há meios de se decidir de antemão, numa porção finita de tempo, se um programa de computador há de parar ou não. Caso ele se detenha, você poderá possivelmente descobrir o fato. O problema é tomar a decisão de quando desistir e decidir que o programa nunca há de parar. Porém, não há meio de fazer isto.

Exatamente por não estar poluindo a sua mente com a prova de Gödel, gostaria de dizer algumas palavras sobre o modo como Turing demonstrou que o problema da parada não pode ser resolvido, de que não existe nenhum algoritmo capaz de decidir se um programa de computador nunca há de parar.

No Capítulo Cinco, apresentarei posteriormente a prova de minha autoria. Vou mostrar que você não pode provar que um programa é "elegante", palavra pela qual designo o menor programa possível para produzir o *output* fornecido por ele. A partir do fato de não se poder firmar elegância, deduzirei a consequência imediata de que o problema da parada deve ser insolúvel. Não há por que se preocupar, tudo isso será esclarecido no devido momento.

O que explicarei agora, porém, é como Turing derivou a incompletude do problema da parada.

> Turing: *O Problema da Parada Implica Incompletude!*

A ideia é muito simples. Admitamos que eu tenha um SAF com a capacidade de sempre **provar** se programas individuais podem ou não parar. Então você pode simplesmente rodar todas as possíveis provas em ordem de tamanho, até encontrar uma prova na qual o programa particular de seu interesse nunca se detenha, ou você poderá encontrar uma prova na qual ele de fato pare. Você percorre o seu caminho de maneira sistemática pela árvore de todas as possíveis provas, partindo de axiomas. Ou você pode anotar, uma a uma, todas as possíveis sequências de caracteres no seu alfabeto, em ordem de tamanho, e aplicar-lhes o algoritmo que checa provas a fim de filtrar as que não possuem validade, bem como determinar todos os teoremas válidos. Trata-se, em qualquer dos casos, de um trabalho moroso, muito moroso, mas pouco me importa, pois eu sou um teórico! Por suposto, esta não é uma abordagem prática; é mais parecida com aquilo que os físicos chamam de experimento mental, *Gedankenexperiment*, no original alemão. Estou tentando provar um teorema, estou procurando demonstrar que um SAF deve ter certas limitações, não estou tentando nada prático.

Assim – Turing salienta – se temos um SAF que sempre pode provar se programas individuais param ou não, e se um SAF é "sadio", o que significa que todos os teoremas são verdadeiros, então poderemos gerar os teoremas do SAF, um de cada vez, e usar este fato para decidir se qualquer programa particular de nosso interesse há de parar sempre! Mas isso é impossível, não pode acontecer, como Turing comprovou no seu artigo de 1936 e eu o provarei de um modo totalmente diferente no Capítulo Cinco deste volume.

Portanto, o SAF deve ser incompleto. Em outras palavras, deve haver programas para os quais não existe prova de que o programa se detenha e também não existe prova de que ele nunca irá se deter. Não há um modo de se colocar toda a verdade, e apenas a verdade, acerca do problema da parada em um Sistema Axiomático Formal!

A ideia maravilhosa de Turing foi a de introduzir a noção de computabilidade, isto é, a noção ligada à possibilidade de distinguir coisas que não podem ser calculadas das que podem e, então, deduzir a incompletude da incomputabilidade.

> Turing: *Incomputabilidade Implica Incompletude!*

A incomputabilidade é uma razão mais profunda para a incompletude. Isso faz com que a incompletude pareça imediatamente muito mais natural, porque, como veremos no Capítulo Quatro, uma porção de coisas são incomputáveis, elas estão em toda a parte, elas são muito fáceis de encontrar.

(O que Turing de fato provou é muito mais geral do que isto, ou seja, que a

> SANIDADE + COMPLETUDE implica
> que você pode resolver sistematicamente
> *qualquer* coisa que pedir ao seu SAF!

Na verdade, em alguns domínios limitados, você **pode** fazer isto: Tarski o fez para uma grande porção da geometria euclidiana.)

Minha abordagem pessoal para com a incompletude é similar à de Turing, no fato de eu deduzi-la de algo mais profundo, mas, no meu caso, foi da aleatoriedade e não da incomputabilidade, como veremos. E coisas aleatórias estão em toda a parte, existe a regra, não a exceção, como explanarei no Capítulo Quatro.

> **Minha Abordagem:** *Aleatoriedade Implica Incompletude!*

De qualquer modo, o próximo passo fundamental neste caminho foi dado em 1944, por Emil Post, que havia sido professor no City College, da City University de Nova York, a escola onde, como estudante, escrevi meu primeiro artigo importante sobre a aleatoriedade. O pessoal do City College ficou impressionado com este trabalho e foram bastante simpáticos em me dar uma medalha de ouro, o Belden Mathematical Prize, e posteriormente o prêmio Nehemiah Gitelson pela "busca da verdade". É o que está gravado na medalha Gitelson em inglês e em hebraico e, como fiquei sabendo, Verdade e Lei significam Torá em hebraico; este fato é crucial para que se esteja apto a entender a parábola de Kafka, traduzida no início do presente livro. E quando o extremamente bondoso chefe do departamento de matemática, professor Abraham Schwartz, estava me entregando a medalha de ouro do prêmio Belden, apontou para as fotos dos antigos mestres penduradas na parede de sua sala de trabalho, e uma delas era a de Emil Post.

Post teve o *insight* e a agudeza de ver a ideia chave na prova de Turing, segundo a qual incomputabilidade implicava incompletude. Ele extraiu esta ideia da demonstração de Turing. Era uma joia que o próprio Turing não havia apreciado suficientemente. Post percebeu que a essência do SAF está na existência de um algoritmo para gerar todos os teoremas, um algoritmo que é muito lento e que nunca para, mas que finalmente chega a cada um deles e a todos. Este surpreendente algoritmo gera os teoremas em ordem de tamanho, não numa ordem do tamanho do enunciado de cada teorema, mas numa ordem do tamanho de cada prova.

> **Sistema Axiomático Formal de Hilbert/Turing/Post**
> Máquina para gerar todos os teoremas, um a um,
> em alguma ordem arbitrária.

De fato, como Émile Borel salientou, creio que seria melhor gerar tão-somente teoremas interessantes, e não todos os teoremas; a maioria deles é totalmente desinteressante! Mas ninguém sabe como fazê-lo. Na realidade, não é sequer claro o que seja um teorema "interessante"[5].

De qualquer modo, foi Post quem pôs o dedo na ideia essencial, ou seja, na noção de um conjunto de objetos que podem ser gerados um a um por uma máquina, em alguma ordem, em qualquer ordem. Em outros termos, existe um algoritmo, um programa de computador, para realizar isso. E esse é o conteúdo essencial da noção de um sistema axiomático formal, um SAF, que é um modelo mais simplificado (*toy model*) que usarei para estudar os limites do método axiomático formal. Não me preocupo com os pormenores, tudo o que me importa é que exista um algoritmo para gerar todos os teoremas, esta é a questão chave.

E, como se trata de uma noção tão importante, seria bom dar-lhe um nome!

---

[5] Wolfram tem algumas ideias, em seu livro, sobre o que torna os teoremas interessantes. Como de costume, ele estuda um grande número de exemplos e extrai aspectos interessantes. Este é o seu *modus operandi* geral.

Ela costuma ser chamada de conjunto r.e. ou conjunto "recursivamente enumerável". Os especialistas parecem ter passado a designá-lo por conjunto "computavelmente enumerável", ou conjunto c.e., para simplificar. Estou tentado a chamá-lo com os termos usados por Post em um de seus artigos, ao definir o que é um "conjunto gerado", como aquele conjunto que pode ser gerado por um algoritmo, item por item, um a um, em uma ou outra ordem, devagar, mas com segurança. Resistirei, porém, à tentação!

> SAF = conjunto enumerável, c. e., de asserções matemáticas

Assim sendo, qual é o final da linha? Bem, é o seguinte: o objetivo de Hilbert, o de encontrar **um** sistema axiomático formal para toda a matemática, era um alvo impossível, porque não se pode pôr toda a verdade matemática em apenas um SAF. A matemática não pode ser estática, tem de ser dinâmica, tem de evoluir. Você precisa continuar estendendo seu sistema axiomático formal, adicionando novos princípios, novas ideias, novos axiomas, como se você fosse um físico, sem comprová-los, porque eles funcionam! Bem, não exatamente como as coisas são feitas na física, porém mais no espírito dela. E isso significa que a ideia de certeza absoluta na matemática torna-se insustentável. A matemática e a física podem ser diferentes, mas elas não são tão diferentes, não tão diferentes como as pessoas poderiam imaginar. Nenhuma das duas disciplinas lhe proporciona certeza absoluta!

Discutiremos tudo isso com maior extensão no capítulo de conclusão, o Capítulo Seis. Aqui, permita-me acrescentar apenas que pessoalmente vejo a metamatemática como uma *reductio ad absurdum* da ideia de Hilbert acerca de um sistema axiomático formal. Trata-se de uma ideia importante **precisamente porque** ela pode ser derrubada! E, no conflito entre Hilbert e Poincaré sobre formalismo *versus* intuição, eu estou agora, definitivamente, do lado da intuição.

E, como você sem dúvida já percebeu, o que eu andei fazendo aqui foi matemática "filosófica". Não há demonstrações longas. Tudo o que conta são ideias. Basta você cuidar das ideias que as provas cuidarão de si próprias! Este é o tipo de matemática que eu adoro fazer! Ela é também uma bela matemática, tão bela quanto provar a existência de infinitos números primos. Mas é de uma espécie diferente de beleza!

Agora, armados com essas poderosas ideias novas, voltemos à teoria dos números. Vejamos se é possível imaginar quão árdua é a teoria dos números.

Usaremos a noção de conjunto computavelmente enumerável. Vamos empregá-la para analisar o 10° problema de Hilbert, um problema relevante para a teoria dos números.

De um modo mais preciso, explicarei o significado do 10° problema de Hilbert, e depois contarei a você como Yuri Matiyasevich, Martin Davis, Hilary Putnam e Julia Robinson armaram as coisas para provar que ele **não podia** ser resolvido.

Davis, Putnam e Robinson efetuaram grande parte do trabalho preparatório e, depois, os passos finais foram dados por Matiyasevich. Alguns importantes resultados adicionais foram obtidos posteriormente de uma maneira muito mais simples por Matiyasevich em conjunto com James Jones. Matiyasevich e Jones, a partir de um curioso e não valorizado trabalho de Édouard Lucas – um notável, extremamente talentoso e não convencional matemático francês dos fins do século XIX, que nunca permitiu à moda antepor-se em seu caminho – construíram um projeto para um computador, para uma equação exponencial diofantina (que será abordado em seguida). Lucas também inventou um algoritmo muito rápido para decidir se um número de Mersenne $2^n - 1$ é primo ou não, que é a forma como foram descobertos os maiores números primos atualmente conhecidos.

A propósito, Martin Davis estudou com Emil Post no City College. O mundo é pequeno!

O 10º PROBLEMA DE HILBERT & AS EQUAÇÕES DIOFANTINAS COMO COMPUTADORES

O que é uma equação diofantina? Bem, é uma equação algébrica na qual tudo, as constantes, bem como as incógnitas, têm de ser números inteiros. E o que é o 10º problema de Hilbert? É o desafio que Hilbert lançou ao mundo no sentido de descobrir um algoritmo para determinar se uma equação diofantina pode ser resolvida. Em outras palavras, trata-se de descobrir um algoritmo para decidir se há um conjunto de números inteiros que possa ser colocado no lugar das incógnitas, substituí-las, e satisfazer a equação.

Observe que se **houver** uma solução, ela poderá eventualmente ser encontrada por uma substituição sistemática das incógnitas por todos os possíveis números inteiros, a começar por números pequenos, aumentando gradualmente seus valores.

O problema é decidir quando parar. Isto não lhe soa familiar? Sim, é exatamente a mesma coisa que acontece com o problema da parada de Turing!

Diofanto, como Euclides, era um sábio grego de Alexandria, onde se achava a famosa biblioteca. Ele escreveu um livro acerca das equações diofantinas, que inspirou Fermat, o qual leu a tradução latina do original grego. O famoso "último teorema" de Fermat, recentemente provado por Andrew Wiles, era uma notação marginal, numa cópia do livro de Diofanto que Fermat possuía.

De um modo mais preciso, trabalharemos apenas com inteiros desprovidos de sinal, isto é, com os inteiros positivos e o zero: 0, 1, 2, 3,...

Por exemplo, $3 \times x \times y = 12$ tem a solução $x = y = 2$, e $x^2 = 7$ não tem solução em número inteiro.

Nós nos permitiremos construir uma equação na qual juntaremos constantes e incógnitas, empregando apenas adições e multiplicações, que será chamada de equação diofantina (ordinária), ou empregaremos adições, multiplicações e exponenciações, que chamaremos de equação diofantina exponencial. A ideia é evitar inteiros negativos, os sinais de menos e a subtração pelo uso efetivo de ambos os lados da equação. Deste modo, **não será possível** passar tudo para o lado esquerdo e reduzir o lado direito a zero.

Numa equação diofantina ordinária, os expoentes serão sempre constantes. Numa equação diofantina exponencial, os expoentes podem também conter incógnitas. Fermat-Wiles estabeleceram que a equação diofantina exponencial

$$x^n + y^n = z^n$$

não tem solução para x, y e z maiores do que 0 e n maior do que 2. Levou apenas algumas centenas de anos para se achar a prova! É pena que Fermat tivesse apenas um pequeno espaço na margem do seu livro de Diofanto para expor o seu resultado, mas não espaço suficiente para dizer **como** ele o conseguiu. Infelizmente, todos os papéis pessoais de Fermat desapareceram, de modo que não restou nenhum lugar para procurar as pistas.

Assim, dá para ver quão difícil pode ser um problema diofantino exponencial! Hilbert não era ambicioso a tal ponto, ele estava apenas buscando um caminho para decidir se equações diofantinas **ordinárias** tinham soluções. Isto por si só já é bastante ingrato.

Para ilustrar estas ideias, vamos supor que temos duas equações, $u = v$ e $x = y$, e que desejamos combiná-las em uma única equação que tenha precisamente as mesmas soluções. Bem, poderíamos usar a subtração, e o truque seria combiná-las da seguinte forma:

$$(u - v)^2 + (x - y)^2 = 0.$$

O sinal de menos pode ser evitado se a expressão anterior for convertida em

$$u^2 - (2 \times u \times v) + v^2 + x^2 - (2 \times x \times y) + y^2 = 0$$

e depois em

$$u^2 + v^2 + x^2 + y^2 = (2 \times u \times v) + (2 \times x \times y).$$

Isto é o que faz o truque!

Muito bem, agora estamos prontos para expor a surpreendente solução do 10º problema de Hilbert proposta por Matiyasevich/Davis/Putnam/Robinson. As equações diofantinas provêm – como vimos – da Alexandria clássica. Mas a solução do problema de Hilbert é incrivelmente moderna, e não poderia mesmo ter sido imaginada por Hilbert, uma vez que conceitos relevantes não existiam ainda.

Eis como você mostra a não existência de solução, e de algoritmo para determinar se uma equação diofantina pode ou não ser resolvida, concluindo que nunca haverá uma solução.

Verifica-se que há uma equação diofantina que é um computador. Ela é, na realidade, denominada equação diofantina universal, porque é como uma máquina de Turing universal, um modo matemático de enunciar um computador para fins genéricos, que pode ser programado para rodar qualquer algoritmo e não apenas executar cálculos com finalidade especial, como fazem algumas calculadoras de bolso. O que quero dizer com isso? Bem, aqui está a equação:

Computador de Equação Diofantina:

$$L(k, n, x, y, z, \ldots) = R(k, n, x, y, z, \ldots)$$

Programa k
Output n
Tempo $x, y, z, \ldots$

(A coisa real é grande demais para ser escrita!) Há um lado esquerdo L, um lado direito R, uma porção de incógnitas $x, y, z,...$ e dois símbolos especiais, k, denominado parâmetro da equação, e n, que é a incógnita que realmente nos importa. **k é o programa para o computador, n é o *output* que ele produz, e $x, y, z...$ é uma variável de tempo multidimensional!** Em outros termos, você põe na equação $L(k, n) = R(k, n)$ um valor específico para k, que é o programa de computador que você vai rodar. Então você focaliza nos valores de n para os quais há soluções da equação, isto é, para os quais você pode encontrar um tempo $x, y, z,...$ em que o programa k fornece como *output* n. É isto aí! E é tudo o que há para isto!

Assim, o surpreendente é que esta **única** equação diofantina pode executar **qualquer** cálculo. Em particular, você pode introduzir um k, que é um programa para calcular todos os números primos, ou introduzir um k, que é um programa para enumerar computacionalmente todos os teoremas de um SAF particular. Os teoremas sairão como números, não como sequências de caracteres, mas basta você converter o número em uma forma binária, desprezar no máximo 1 *bit*, dividi-lo em grupos de 8 *bits*, procurar em cada código de caracteres ASCII* e, num passe de mágica, você tem o teorema!

Esta equação diofantina significa que estamos em apuros. Ela quer dizer que **não há** um modo de decidir se uma equação diofantina tem alguma solução. Porque se houvesse, poderíamos decidir se um programa de computador

* Acrônimo de American Standard Code for Information Interchange. Trata-se de um conjunto de códigos para o computador representar números, letras, pontuação e outros caracteres. Padronização da indústria de computadores (N. da T.).

tem qualquer *output*, e se isso também fosse possível, poderíamos resolver o problema da parada de Turing.

> **A Insolubilidade do Problema da Parada Implica que o 10º Problema de Hilbert é Insolúvel!**

Por que estar apto a decidir se um programa de computador tem qualquer *output* nos capacita a decidir se um programa se detém ou não? Bem, qualquer programa, detenha-se ele ou não, que não produza *output*, pode ser convertido em um que produza uma mensagem dizendo "estou a ponto de parar!" (na forma binária, como um inteiro), precisamente antes de enviar a mensagem. Se o programa estiver escrito numa linguagem de alto nível, será fácil produzir a mensagem. Se estiver escrito numa linguagem de máquina, bastará que você rode o programa de forma interpretativa, não diretamente, procurando agarrá-lo antes que ele se detenha. Assim, se você puder decidir se o programa convertido produz algum *output*, você poderá decidir se o programa original para.

Tudo o que há para dizer é isto: as equações diofantinas são, na realidade, computadores! É assombroso, não é?! O que eu não daria se fosse capaz de explicar isso para Diofanto e para Hilbert! Aposto que eles entenderiam isso na hora! (Este livro mostra como eu o faria).

Isso *prova* que a teoria dos números é difícil! Isso prova que a incomputabilidade e a incompletude estão na espreita, bem no cerne, nos problemas diofantinos com dois mil anos de idade! Mais tarde, mostrarei que a aleatoriedade está também escondida ali...

Como você constrói efetivamente esse monstruoso computador de equação diofantina? Bem, é uma tarefa enorme, é como projetar realmente um *hardware* de computador. De fato, certa vez eu estava colaborando em um projeto de um computador da IBM (eu também trabalhava com sistemas operacionais e compiladores, o que me proporcionava uma boa dose de diversão). E a tarefa de construir esta equação diofantina lembra-me o que é chamado de projeto lógico de uma CPU (sigla inglesa para Unidade Central de Processamento). É uma espécie de versão algébrica do projeto de uma CPU.

A prova original de Matiyasevich/Davis/Putnam/Robinson é complicada, e projeta um computador de equação diofantina ordinária. O plano subsequente de Matiyasevich/Jones para um computador de equação diofantina exponencial é muito, muito mais simples – felizmente! – de modo que eu estava apto a programá-lo efetivamente e apresentar a equação, coisa que nenhuma outra pessoa jamais se dera ao trabalho de fazer. Vou lhe falar sobre isto na próxima seção, a seção acerca da LISP.

E, ao projetar este computador, você não opera com *bits* individuais, você trabalha com sequências de *bits* representados na forma de inteiros, de modo que você pode processar uma porção de *bits* de uma só vez. O passo principal foi proporcionado por Lucas, há um século, e é um modo de comparar duas sequências de *bits* do mesmo tamanho, assegurando que toda vez que um bit se encontra na primeira sequência, o *bit* correspondente se encontrará também na segunda sequência. Matiyasevich e Jones demonstraram que isto é suficiente, podendo ser expresso via equações diofantinas, e que é muito mais útil para fazer algo do que você poderia imaginar. De fato, aí está toda a teoria dos números que Matiyasevich e Jones necessitam para construir seu computador; o resto do serviço é, por assim dizer, engenharia de computador e não mais teoria dos números. Deste ponto em diante, faz-se necessário apenas, basicamente, de matemática do Curso Médio!

Assim, qual é a grande ideia que constituiu a contribuição póstuma de Lucas? Bem, ela envolve "coeficientes binomiais". Aqui vão alguns. Eles são aquilo que você obtém quando potências de $(1 + x)$ são expandidas:

Coeficientes Binomiais:

$$(1 + x)^0 = 1$$
$$(1 + x)^1 = 1 + x$$
$$(1 + x)^2 = 1 + 2x + x^2$$
$$(1 + x)^3 = 1 + 3x + 3x^2 + x^3$$
$$(1 + x)^4 = 1 + 4x + 6x^2 + 4x^3 + x^4$$
$$(1 + x)^5 = 1 + 5x + 10x^2 + 10x^3 + 5x^4 + x^5$$

Consideremos agora o coeficiente de x^k na expansão de $(1 + x)^n$. O surpreendente resultado de Lucas é que este coeficiente binomial é ímpar se, e somente se, a cada vez que um *bit* estiver no número k, o *bit* correspondente estará também no número n!

Vamos aferir alguns exemplos. Bem, se $k = 0$, então cada coeficiente binomial será 1, que é ímpar, e não importa o que n seja, o que é muito bom, porque cada *bit* em k estará fora. E se $k = n$, então o coeficiente binomial será também 1, o que é muito bom. E o que acontecerá se $n = 5 = $ "101" na forma binária, e $k = 1 = $ "001"? Então o coeficiente binomial será 5 que é ímpar, o que está correto. E o que sucede se trocarmos k por $2 = $ "010"? Aha! Então cada *bit* que está em k **não** estará em n, e o coeficiente binomial será 10, que é **par**! Perfeito!

Por favor, note que se as duas sequências de *bits* não forem do mesmo tamanho, então você terá de adicionar 0's **à esquerda** da menor a fim de que venham a ter o mesmo tamanho. Aí, você pode olhar para os *bits* correspondentes.

> [*Exercício para matemáticos promissores*: Você é capaz de checar mais valores? No punho? Em um computador? Você é capaz de provar que Lucas estava certo?! Não deve ser muito difícil de você convencer-se de que é capaz. Como de costume, é muito mais difícil **descobrir** um novo resultado, **imaginar** a feliz possibilidade, do que verificar que ele é correto. Imaginação, inspiração e esperança constituem a chave! A verificação é rotina. **Qualquer um** pode fazê-lo, qualquer profissional competente. Eu prefiro os atormentados e apaixonados buscadores da Verdade! Pessoas que foram tomadas por um demônio! – Espera-se que seja um **bom** demônio, mas um demônio, apesar de tudo!]

E como Matiyasevich e Jones expressam o fato (se um *bit* está em k, ele também deverá estar em n) em forma de uma equação diofantina?

Bem, vou apenas mostrar-lhe como eles o fizeram, e você poderá ver porque isso funciona com a ajuda de dicas que fornecerei.

> O coeficiente de x^K na expansão de $(1 + x)^n$ é ímpar se, e somente se, existir um **único** conjunto de sete números inteiros desprovidos de sinal b, x, y, z, u, v, w tais que
>
> $$b = 2^n$$
>
> $$(b + 1)^n = xb^{K+1} + yb^K + z$$
>
> $$z + u + 1 = b^K$$
> $$y + v + 1 = b$$
> $$y = 2w + 1$$

Você é capaz de imaginar como isso funciona? *Dica*: y é o coeficiente binomial no qual estamos interessados, w é utilizado para assegurar que y é ímpar, u garante que z é menor do que b^K, v garante que y é menor do que b, e quando $(b + 1)^n$ é escrito como uma base numeral b, seus sucessivos dígitos são precisamente os coeficientes binomiais que você consegue obter ao expandir $(1 + x)^n$. Aqui, a ideia básica é que as potências do número onze lhe proporcionam os coeficientes binomiais: $11^2 = 121$, $11^3 = 1331$, $11^4 = 14641$. Então as coisas se separam porque os coeficientes binomiais se tornam demasiado grandes para serem dígitos individuais. Portanto, você tem de trabalhar numa ampla base b. Acontece que o b particular que Matiyasevich e Jones pegaram é a **soma** de todos os coeficientes binomiais que estamos tentando empacotar juntos nos dígitos de um único número. Assim, a base

b é maior do que todos eles, e não há portadores de um dígito até o próximo para bagunçar as coisas, de modo que tudo funciona!

E depois você combina estas cinco equações individuais em uma **única** equação conforme lhe mostrei antes. Aparecerão dez quadrados de um lado e cinco produtos cruzados do outro...

Agora que fizemos isso, dispomos da ferramenta fundamental necessária para estarmos aptos a construir o nosso computador. A CPU deste computador vai ter um punhado de registros de *hardware*, tal como os computadores reais os têm. Mas, ao contrário dos computadores reais, cada registro contém um inteiro sem sinal, que pode ser um número arbitrariamente grande de *bits*. E as incógnitas em nossa equação principal fornecerão os conteúdos desses registros. Cada dígito de uma dessas incógnitas será um número que aquele registro poderá apresentar em um momento particular, passo a passo, à medida que o relógio da CPU faz tique-taque e ele executa uma instrução por ciclo do relógio. Em outras palavras, você precisa usar o mesmo truque para empacotar **uma lista** de números em um único número que empregamos antes com coeficientes binomiais. Aqui, isto é feito com a história temporal dos conteúdos dos registros da CPU, um registro que contém a história que vai desde o início da computação até o momento em que você produzir como *output* um número inteiro.

Receio que teremos de efetuar uma parada neste ponto. Afinal de contas, construir um computador é um encargo enorme! E eu pessoalmente estou mais interessado em ideias gerais do que em pormenores. Basta cuidarmos das ideias gerais e os detalhes cuidarão de si próprios! Bem, nem sempre: Você não gostaria de comprar um computador planejado desta maneira! Mas levar a contento a sua construção nos pormenores é uma tarefa colossal... Não é coisa muito prazerosa! É trabalho duro!

Na realidade, ela é bastante prazerosa se você mesmo a executar. É como fazer amor, não dá muito prazer ouvir alguém contar como se faz. Você tem de fazê-lo você mesmo! Você não aprende muito lendo sobre o *software* feito por alguma outra pessoa. É torturante ter de construí-lo por si só, você fica perdido na confusão do encadeamento de ideias de outrem! Mas, se você próprio escreve o programa, localiza e depura os erros com exemplos interessantes, trata-se então de **sua** sucessão de ideias e você aprende um bocado. O *software* é um pensamento congelado...

Assim, não vamos elaborar até o fim esse projeto nos pormenores. Mas as ideias básicas são simples, e você poderá encontrá-las no curto trabalho de Matiyasevich e Jones ou em um livro que escrevi e foi publicado em 1987 pela Cambridge University Press. Seu título é *Algorithimic Information Theory* (Teoria da Informação Algorítmica), e é aí onde efetivamente apresento uma dessas equações-computador. Trata-se de uma equação que roda programas LISP.

Que espécie de linguagem de programação é a LISP? Bem, é uma bela linguagem de matemática de alto nível, em espírito.

LISP, UMA ELEGANTE LINGUAGEM DE PROGRAMAÇÃO

Filósofos e teóricos de utopias sociais sonharam amiúde com uma linguagem universal humana, ideal e perfeita, que não apre-

METAMAT!

sentasse ambiguidades e promovesse o entendimento entre os homens e a cooperação internacional: por exemplo, o esperanto, a *characteristica universalis** de Leibniz, o sistema axiomático formal para toda a matemática de Hilbert. Estas fantasias utópicas nunca funcionaram. Mas funcionaram para computadores – muito, muito bem, na verdade!

Infelizmente, à medida que as linguagens de programação se tornam crescentemente sofisticadas, elas passam a refletir mais e mais a complexidade da sociedade humana e do imenso universo de aplicações do *software*. Assim, tornam-se cada vez mais parecidas com gigantescas caixas de ferramentas, como garagens e sótãos estufados com trinta anos de bugigangas! A LISP, ao contrário, é uma linguagem de programação dotada de considerável beleza matemática; ela se assemelha muito mais a um escalpelo de cirurgião ou a uma afiada ferramenta de diamante para corte, do que a uma garagem para dois carros superlotada de objetos pessoais e absolutamente sem vaga para um carro.

A LISP possui uns poucos, poderosos e simples conceitos básicos, e tudo o mais é construído a partir deles, como os matemáticos gostam de trabalhar; sendo a feição que as teorias matemáticas assumem. As teorias matemáticas, as boas, consistem na definição de uns poucos novos conceitos-chave e depois o fogo de artifício começa: elas revelam novos panoramas, abrem a porta a mundos inteiramente novos. A LISP é também assim; é mais parecida com a matemática pura do que a maioria das linguagens de programação. É como se você tirasse, no mínimo, as partes "úteis" adicionadas, aqueles

* Projeto concebido pelo filósofo para elaborar uma linguagem universal filosófica rigorosa, tal qual um cálculo universal para o raciocínio: alfabeto do pensamento (N. da T.).

acréscimos que fizeram da LISP uma "ferramenta prática". O que sobrou, se você fizer isso, é a LISP original, o coração conceitual da LISP, um cerne que é uma joia de considerável beleza matemática, uma austera beleza intelectual.

Assim, como você esta vendo, para mim isso é um real caso de amor. E como eu fui me apaixonar pela LISP? Em 1970 eu estava morando em Buenos Aires, e numa visita ao Rio de Janeiro comprei um manual da LISP. Na página 14 havia um intérprete LISP escrito em LISP. Não entendi uma só palavra! Parecia extremamente estranho. Programei o intérprete em FORTRAN* e, de repente, avistei a luz. Era devastadoramente bela! Eu fora fisgado! (Ainda continuo. Usei a LISP em seis de meus livros.) Rodei um bocado de programas LISP's no meu intérprete. Escrevi dúzias, centenas de intérpretes LISP's! Continuei inventando novos dialetos da LISP, um após outro...

Veja, aprender uma linguagem de programação radicalmente nova dá uma boa dose de trabalho. É como aprender uma língua estrangeira: você precisa captar o vocabulário, adquirir a cultura e a cosmovisão alheia, que acompanham inevitavelmente uma linguagem. Cada cultura possui um modo diferente de olhar o mundo! No caso de uma linguagem de programação, temos um "paradigma de programação", e, para adquirir um novo paradigma, você necessita ler o manual, examinar uma porção de exemplos e tentar escrever e rodar programas, você mesmo. Nós não podemos fazer tudo isto aqui, não há jeito! De modo que a ideia serve apenas para despertar seu apetite e tentar sugerir o quanto a LISP é diferente das linguagens normais de programação.

---

* Linguagem de programação adequada à compilação numérica e científica, desenvolvida nos anos de 1950 pela IBM (N. da T.).

COMO É QUE A LISP FUNCIONA?

Antes de tudo, a LISP é uma linguagem de programação não numérica. Em vez de computar somente com números, você lida com expressões simbólicas, que são denominadas "expressões-S". Tanto os programas como os dados na LISP são expressões-S. O que é uma expressão-S? Bem, ela é tem um tipo de expressão algébrica com uso pleno de parênteses. Por exemplo, em vez de

$$a \times b + c \times d$$

você escreve

$$((a \times b) + (c \times d))$$

Depois você move operadores para adiante, para frente de seus argumentos e não os deixa entre seus argumentos.

$$(+ (\times ab) (\times cd))$$

Isto é chamado notação polonesa ou de prefixo em oposição à chamada notação infixa. Na verdade, na LISP isto é escrito assim

```
(+ (* a b)  (* c d))
```

pois, como acontece em muitas outras linguagens de programação, o símbolo * é utilizado para a multiplicação. Você também dispõe, na LISP, do sinal de menos – e do símbolo que indica a exponenciação ^.

Voltemos às expressões-S. Em geral, uma expressão-S consiste de um ninho de parênteses que se equilibram, como o que segue

```
( ( ) (( )) ((( ))) )
```

O que você pode pôr dentro dos parênteses? Palavras, inteiros desprovidos de sinal, os quais podem ser ambos arbitrariamente grandes. E para fazer matemática com inteiros, que são exatos, não números aproximados, é muito importante estar capacitado a lidar com inteiros muito grandes.

Também, uma palavra ou um inteiro sem sinal podem aparecer inteiramente por si próprios em uma expressão-S, sem **nenhum** parênteses. Então, ele é referido como se fosse um átomo (que significa "indivisível" em grego). Se uma expressão-S não for um átomo, então será denominada lista, e é considerada uma lista de elementos, com um primeiro elemento, um segundo, um terceiro etc.

```
(1 2 3) e ((x 1) (y 2) (z 3))
```

e estas duas listas possuem ambas três elementos.

A LISP é uma linguagem funcional ou baseada numa expressão e não uma linguagem imperativa ou baseada num enunciado.

Tudo na LISP (são instruções mais do que dados) é construído pela aplicação de funções a argumentos como isto:

```
(f x y)
```

Isso indica que a função f é aplicada aos argumentos x e y. Em matemática pura isto é normalmente escrito como

$$f(x, y)$$

E **tudo** é colocado nesta função aplicada à forma dos argumentos. Por exemplo,

```
(se condição valor-verdadeiro valor-falso)
```

é como você escolhe entre dois valores, dependendo se uma condição é verdadeira ou não. Assim, o "se" é tratado como uma função de três argumentos dotada da estranha propriedade segundo a qual somente dois de seus argumentos são avaliados. Por exemplo,

```
(se verdadeiro (+ 1 2)   (+ 3 4))
```

resulta 3 e

```
(se falso (+ 1 2)   (+ 3 4))
```

resulta 7. Outra pseudofunção é a função citar, que não avalia seu único argumento. Por exemplo,

```
(´ (a b c))
```

resulta (a b c), "como é". Em outras palavras, isto **não** significa que a função *a* deva ser aplicada aos argumentos *b* e *c*. O argumento de citar é um dado literal e não uma expressão a ser avaliada. Aqui estão duas condições que podem ser usadas em um "se".

```
(= x y)
```

será verdadeira se *x* for igual a *y*.

```
(átomo x)
```

fornece um resultado verdadeiro se *x* for um átomo e não uma lista.

Permita-me, a seguir, que eu lhe fale acerca do "seja", que é muito importante porque o habilitará a associar valores com variáveis e a definir funções.

```
(sejam x y expressão)
```

implica o valor de "expressão", na qual *x* é definido como sendo *y*. Você pode usar a palavra "seja" quer para definir uma função, quer como um enunciado de designação numa linguagem de programação comum. Entretanto, a função definição ou designação tem efeito apenas temporariamente dentro de "expressão". Em outros termos, o efeito do "seja" é invariavelmente local.

Aqui vão dois exemplos de como empregar o "seja". Seja *n* igual a 1 + 2 em 3 × *n*:

```
(seja n (+ 1 2)
   (* 3 n)
)
```

Isso dá como resultado 9. E seja *f* de *n* igual a $n \times n$ em *f* de 10:

METAMAT!

```
(seja (f n) (* n n)
   (f 10)
)
```

Isso dá 100.

E na LISP podemos separar listas e depois reuni-las. Para conseguir o primeiro elemento de uma lista, carregue-a, que indicaremos como "car":

```
(car (´ (a b c)))
```

tem como resultado *a*. Para obter o resto de uma lista, carregue o resto, que indicaremos como "cor":

```
(cor (´ (a b c)))
```

cujo resultado é (b c). E para compor as peças, usamos componha-as, que indicaremos como "comp":

```
(comp (´ a) (´ (b c)))
```

que resulta em (a b c).

E isto é assim, o que lhe dá uma ideia geral! A LISP é um formalismo simples, mas poderoso.

Antes de eu mostrar dois efetivos programas LISP, permita-me salientar que na LISP você não fala de programas, elas são chamadas expressões. E você não as roda ou as executa, você as avalia. O resultado da avaliação de uma expressão é meramente um valor; não há efeito colateral. O estado do universo permanece imutável.

Por certo, as expressões matemáticas sempre se comportaram assim. Porém, as linguagens normais de programação não são todas, de modo algum, matemáticas. A LISP é uma linguagem matemática. Neste capítulo temos empregado a função fatorial "!" várias vezes. Assim, programemos isto numa linguagem normal, e depois na LISP. Então escreveremos um programa para tomar os fatoriais de uma lista inteira de números, e não apenas de um só.

O FATORIAL EM UMA LINGUAGEM NORMAL

Lembre-se que $N! = 1 \times 2 \times 3 \times \ldots \times (N-1) \times N$. De modo que $3! = 3 \times 2 \times 1 = 6$, e $4! = 24$, $5! = 120$. O programa abaixo calcula o fatorial de 5:

```
Faça N igual a 5.
Faça K igual a 1.

LOOP:   É N igual a 0? Se assim for, pare.
        O resultado está em K.
Se não for, faça K igual a K × N.
Então faça N igual a N - 1.
Vá para o LOOP.
```

Quando o programa parar, *K* conterá 120, e *N* terá sido reduzido a 0.

O FATORIAL NA LISP

O código LISP para calcular o fatorial de 5 parece bem diferente:

```
(seja (fatorial N)
         (se (= N 0)
             1
             (* N (fatorial (- N 1)))
         )
     (fatorial 5)
)
```

O que dá

```
120
```

Eis a definição da função fatorial de *N* em português: Se *N* for 0, então o fatorial de *N* será 1; caso contrário, o fatorial de *N* será *N* vezes o fatorial de *N* menos 1.

UM EXEMPLO MAIS SOFISTICADO: LISTA DE FATORIAIS

Eis um segundo exemplo. Dada uma lista de números, ela produz a correspondente lista de fatoriais:

```
(seja (fatorial N)
       (se (= N 0)
           1
           (* N (fatorial (- N 1)))
       )
(seja (map f x)
   (se (átomo x)
       x
       (comp (f (car x))
             (map f ( cor x))
       )
   )

   (map fatorial (' (4 1 3 2 5)))

))
```

O que dá

(24 1 6 2 120)

A função "map" muda $(x\ y\ z\ ...)$ em $(f(x)\ f(y)\ f(z)\ ...)$. Eis a definição de "map" f de x em português. A função "map" tem dois argumentos, uma função f e uma lista x. Se a lista x estiver vazia, então o resultado será a lista vazia. Caso contrário, a lista começa com (f do primeiro elemento de x), seguido por "map" f do resto de x.

[Para saber mais sobre minha concepção da LISP, consulte meus livros: *The Unknowable* (O Incognoscível) e *Exploring Randomness* (Explorando a Aleatoriedade), no qual explico a LISP, e *The Limits of Mathematics* (Os Limites da Matemática), onde eu a uso. Estas obras são técnicas.]

MINHA EQUAÇÃO DIOFANTINA PARA A LISP

Você pode ver, pois, quão simples é a LISP. Mas, na realidade, ainda assim, ela não é simples o bastante. Para construir uma equação LISP, devo simplificar a LISP ainda mais. Ela continua sendo uma linguagem poderosa, você ainda pode calcular qualquer coisa que podia calcular antes, mas, o fato de que algumas coisas estejam faltando, e que você tenha de programá-las sozinho, começa a tornar-se realmente aborrecedor. A gente começa a senti-la mais como uma linguagem de máquina e menos como uma linguagem de nível superior. Porém, eu posso, na realidade, compor a equação inteira para rodar a LISP, mais precisamente, a equação para avaliar expressões LISP. Aqui está!

> **Computador de Equação Diofantina Exponencial:**
>
> $$L(k, n, x, y, z, \ldots) = R(k, n, x, y, z, \ldots)$$
>
> **Expressão k da LISP**
> **Valor da expressão n da LISP**
> **Tempo $x, y, z, \ldots$**
>
> A equação ocupa duzentas páginas, com 20.000 incógnitas!
>
> Se a expressão k da LISP não tiver valor, então esta equação não terá solução. Se a expressão k da LISP possuir um valor, então essa equação terá **exatamente uma** solução.
> Nesta solução única, $n =$ ao valor da expressão k.
>
> (Chaitin, *Algorithmic Information Theory*, 1987.)

Adivinhe o que eu, de fato, não vou lhe mostrar aqui! De toda maneira, esta é uma equação diofantina que é um intérprete LISP. De modo que há uma quantidade razoavelmente séria de habilidade computacional embutida numa equação diofantina.

Vamos pôr esta equação-computador a trabalhar para nós mais tarde no Capítulo Cinco, a fim de mostrar que a aleatoriedade do Ω também infecta a teoria dos números.

OBSERVAÇÕES CONCLUSIVAS

Algumas observações conclusivas. Tentei compartilhar com você, neste capítulo, uma boa porção de bela matemática. Trata-se de uma matemática pela qual estou muito apaixonado, uma matemática sobre a qual despendi minha vida!
   A prova de Euclides é clássica, a de Euler é moderna e a minha é pós-moderna! A prova de Euclides é perfeita, mas não parece levar especificamente a lugar nenhum. A de Euler leva a Riemann, à teoria analítica dos números e a um trabalho moderno bem mais técnico e difícil. A minha prova leva ao estudo da noção de complexidade relacionada ao tamanho do programa (o qual, na realidade, precedeu esta prova). O trabalho sobre o 10º problema de Hilbert apresenta apenas uma maravilhosa e inesperada aplicação da noção de um conjunto enumerável e computável.
   Na verdade, eu não estou tão interessado nos número primos. O fato de eles terem agora aplicações na criptografia deixa-me até menos interessado nos primos. O que realmente interessa nos números primos é não sabermos ainda sobre muitas coisas a seu respeito, isto é, a significação filosófica dessa situação bizarra. O que há certamente de interessante é que até numa área da matemática tão simples como esta chegamos imediatamente a questões que ninguém sabe como responder, e então as coisas começam a parecer aleatórias e casuais!
   Haverá sempre alguma estrutura ou padrão esperando para serem descobertos? Ou será possível que algumas coisas não sejam realmente regidas por leis, sejam aleatórias, despidas de padrão – até na matemática pura, até na teoria dos números?

Mais tarde fornecerei argumentos que envolvem informação, complexidade e também irredutibilidade, noção esta tão fundamental que é, de fato, a *raison d'être* deste livro.

Baseado em seu ponto de vista, sobretudo individualista – inteiramente diferente do meu –, Wolfram apresenta vários exemplos interessantes que **também** sugerem fortemente a existência de numerosos problemas insolúveis na matemática. Creio que o seu livro, *A New Kind of Science* (Uma Nova Espécie de Ciência), é sumamente sugestivo e nos fornece evidências ulteriores de que uma porção de coisas é incognoscível, e o problema é realmente sério. De imediato na matemática, na velha matemática de dois mil anos de idade, você entra em apuros, e parece haver limites para aquilo que pode ser conhecido. A epistemologia, que lida com o que podemos conhecer e com os por ques, é o ramo da filosofia preocupado com tais questões. Assim, este meu livro é realmente sobre epistemologia e ocorre o mesmo com o de Wolfram. De fato, estamos trabalhando sobre filosofia, assim como sobre matemática e física!

Resumindo, vimos no presente capítulo que o computador é um poderoso e novo conceito matemático a iluminar muitas questões na matemática e na metamatemática. E vimos também que, enquanto os sistemas axiomáticos formais são um fracasso, os formalismos para a computação constituem um brilhante êxito.

A fim de realizar progressos ulteriores na estrada para o Ω, precisamos injetar mais vapor. Necessitamos da ideia de informação digital – que é medida pelo tamanho dos programas de computação – e se faz mister igualmente a ideia de informação digital irredutível, tida como uma espécie de aleatoriedade. No próximo capítulo discutiremos as fontes de tais ideias. Veremos como a ideia de complexidade vem da biologia, a de informação digital provém do *software* de computador e a de irredutibilidade – e esta é minha contribuição particular – pode ser buscada em Leibniz, nos idos de 1686.

DOIS

INFORMAÇÃO DIGITAL: DNA/SOFTWARE/LEIBNIZ

> Nada é mais importante do que ver as fontes da invenção que são, em minha opinião, mais interessantes do que as próprias invenções.
>
> LEIBNIZ, citado em Pólya, *How to Solve It*.

Neste capítulo vou mostrar a você quais são as "fontes de invenção" das ideias da informação digital, da complexidade ligada ao tamanho do programa e da irredutibilidade algorítmica ou aleatoriedade. Na verdade, a gênese de tais ideias pode ser remetida ao DNA, ao *software* e ao próprio Leibniz.

Basicamente a ideia consiste apenas em medir o tamanho do *software* em *bits*; só isso! Mas, nesse capítulo, quero apenas explicar porque isso é tão importante, porque é uma ideia tão universalmente aplicável. Veremos que ela desempenha um papel chave na biologia, em que o DNA é o *software*, assim como é igualmente na tecnologia do computador, por certo, e até na metafísica de Leibniz, na qual ele analisa o que é uma lei da natureza, e como é que nós podemos decidir se algo é regido ou não por lei. E, mais tarde, no Capítulo Cinco, veremos que esta ideia exerce um papel fundamental na metamatemática, ao discutir o que um sistema axiomático formal (SAF) pode ou não atingir.

Comecemos por Leibniz.

QUEM FOI LEIBNIZ?

Permita-me que eu lhe fale de Leibniz.

Leibniz inventou o cálculo, inventou a aritmética binária um soberbo calculador mecânico, encarou claramente a lógica simbólica, deu nome à topologia (*analysis situs*) e à combinatória, descobriu o teorema de Wilson* (um teste primordial; ver Dantzig, *Number, The Language of Science*) etc. etc. etc.

Newton foi um grande físico, mas definitivamente era inferior a Leibniz, quer como matemático quer como filósofo. E Newton era um ser humano corrupto – a tal ponto que Djerassi e Pinner intitulam o seu recente livro de *Newton's Darkness*.

Leibniz inventou o cálculo, publicou o seu invento, escreveu carta após carta a matemáticos do Continente a fim de explicar-lhes o cálculo; inicialmente recebeu, de seus contemporâneos, todo o crédito por isso e, depois, ficou estupefato com Newton, que nunca publicara uma só palavra sobre o assunto e reclamava que Leibniz havia roubado tudo dele. Leibniz mal podia levar Newton a sério!

Mas foi Newton quem ganhou, e não Leibniz.

* Teorema de Wilson: p é um número primo se, e somente se, $(p-1)! \equiv -1 \pmod{p}$ (isto é, p divide $[(p-1)!+1]$) (N. da T.).

DOIS
INFORMAÇÃO DIGITAL: DNA/SOFTWARE/LEIBNIZ

Newton alardeou que havia destruído Leibniz e rejubilou-se com a morte do filósofo alemão depois que este foi abandonado por seu real patrono a quem Leibniz ajudara a tornar-se rei da Inglaterra. É extremamente irônico que os incompreensíveis *Principia* de Newton – escritos no estilo dos *Elementos* de Euclides – fossem apreciados por matemáticos continentais somente **depois** que eles conseguiram traduzi-los naquela ferramenta eficaz, o cálculo infinitesimal ensinado a eles por Leibniz!

Moralmente, que contraste! Leibniz era uma alma tão elevada que encontrava coisas boas em todas as filosofias: seja na católica, na protestante, na Cabala, seja na escolástica medieval, nos Antigos, nos chineses... Dói-me dizer que Newton sentia muito prazer em testemunhar as execuções de falsificadores que ele perseguira como *Master of the Mint* (Diretor da Casa da Moeda).

[O escritor de ficção científica Neal Stephenson publicou recentemente uma trilogia sobre Newton *versus* Leibniz, na qual se posiciona fortemente ao lado de Leibniz. Ver também *La Guerre des sciences aura-t-elle lieu?*, de Isabelle Stengers, uma peça sobre Newton *versus* Leibniz e o livro acima mencionado, que é formado por duas peças e um longo ensaio intitulado *Newton's Darkness*.]

Leibniz foi também um excelente físico. De fato, ele era bom em tudo. Por exemplo, veja-se sua observação de que "a música é a alegria inconsciente que a alma experimenta fazendo contas sem se dar conta de que está contando". Ou seu esforço para discernir padrões de migração humana pré-histórica por meio de similaridades entre as línguas – algo que hoje é feito com o DNA!

Assim, você começa a enxergar o problema: Leibniz encontra-se em um nível intelectual demasiado alto. Ele é muito difícil de ser entendido e apreciado. Na verdade, você só pode apreciá-lo efetivamente se estiver em **seu** nível. Você só pode dar-se conta de que Leibniz o antecipou **depois** que você mesmo inventou um novo campo – o que, como C. MacDonald Ross diz em seu pequeno livro da Oxford University Press, *Leibniz*, isso já aconteceu a muita gente.

Com efeito, foi o que ocorreu comigo. Eu inventei e desenvolvi minha teoria da informação algorítmica e um dia, não faz muito tempo, quando solicitado a redigir uma comunicação para um congresso de filosofia em Bonn[1], retomei um livrinho escrito em 1932 por Hermann Weyl, *The Open World* (O Mundo Aberto), da Yale University Press. Eu o deixei de lado depois de ler nele, para a minha surpresa, que Leibniz, em 1686, no seu *Discurso sobre Metafísica* – escrito em francês e traduzido para o inglês com o nome de *Discourse on Metaphysiques* –, efetuara uma observação chave acerca da complexidade e da aleatoriedade, a observação chave que me impulsionou a seguir tudo isso quando eu tinha quinze anos de idade!

[Efetivamente, o próprio Weyl era um matemático pouquíssimo comum. Herdeiro matemático de Hilbert e seu opositor filosófico, escreveu um belíssimo livro sobre filosofia que li quando era adolescente: *Philosophy of Mathematics and Natural Science*, editado em 1949 pela Princeton University Press. Nesta obra, Weyl também reapresenta a ideia de Leibniz,

---

1 Este artigo muito denso, apresentado no congresso de Bonn, consta do Apêndice II. Veja também o ensaio introdutório reproduzido no Apêndice I, originalmente publicado no *American Scientist*.

cujo fraseado não é tão incisivo, nem formulado de maneira tão clara e dramática como no próprio livro de Weyl de 1932, lançado pela Yale. Entre suas outras obras, há um importante livro sobre relatividade, *Raum-Zeit-Materie* (Espaço, Tempo, Matéria).]

"Será que Leibniz fez isto?!", perguntei a mim mesmo. Deixei o assunto de lado até chegar a hora de eu poder checar o que ele realmente dissera. Passaram-se anos... Bem, finalmente, para a minha comunicação de Bonn, dei-me ao trabalho de obter uma tradução inglesa do *Discurso* e depois o original francês. E tentei descobrir mais coisas sobre Leibniz.

Resultou daí que Newton não foi o único adversário importante que Leibniz teve de enfrentar. Você não havia se dado conta de que matemática e filosofia eram profissões tão perigosas, não é?

O romance satírico *Candide* de Voltaire, que foi convertido em comédia musical quando eu era criança, é, na realidade, uma caricatura de Leibniz. Voltaire era um implacável oponente de Leibniz e fã de Newton – sua amante, a Marquesa de Châtelet traduziu os *Principia* de Newton para o francês. Voltaire era contra um e a favor do outro, não baseado no entendimento da obra de ambos, mas simplesmente porque Leibniz menciona constantemente Deus, enquanto a mecânica de Newton parece adequar-se com perfeição à cosmovisão mecanicista e ateia. Este modo de ver estava encaminhando as coisas para a revolução francesa, que era tão contrária à Igreja quanto à Monarquia.

Pobre Voltaire – se ele tivesse lido os papéis pessoais de Newton teria percebido que apoiara o homem errado! As crenças de Newton eram primitivas e literais – Newton computava a idade do mundo baseado na *Bíblia*. Ao passo que Leibniz nunca foi visto entrando numa igreja e sua noção de Deus era sofisticada e sutil. O Deus de Leibniz era uma necessidade lógica a fim de prover a complexidade inicial para a criação do mundo, sendo requerida porque nada é necessariamente mais simples do que algo. Esta é a resposta de Leibniz à pergunta: "Por que existe algo de preferência a nada? Pois nada é **mais simples** e mais fácil do que algo" (*Principles of Nature and Grace*, 1714, Seção 7).

Em linguagem moderna, isso equivale a dizer que a complexidade inicial do universo provém da escolha de leis da física e das condições iniciais às quais tais leis se aplicam. E se as condições iniciais são simples, por exemplo, um universo vazio ou uma singularidade a explodir então toda a complexidade inicial vem das leis da física.

A questão de saber de onde procede toda a complexidade do mundo continua a fascinar os cientistas até os dias de hoje. Por exemplo, este é o foco do livro de Wolfram, *A New Kind of Science*. Ele resolve o problema da complexidade pretendendo que este tema se trata apenas de uma ilusão, de que o mundo é na realidade muito simples. Por exemplo, de acordo com este autor toda a aleatoriedade no mundo constitui apenas uma pseudoaleatoriedade gerada por simples algoritmos! Isto é certamente uma possibilidade filosófica, mas será que ela se aplica a **este** mundo? Aqui parece que a aleatoriedade da mecânica quântica proporciona uma fonte inexaurível de complexidade potencial, por exemplo, via "acidentes congelados", tais como mutações biológicas que mudam o curso da história evolucionária.

Antes de explicar até onde e como Leibniz antecipou o ponto de partida para a minha teoria, permita-me recomendar algumas boas fontes de informação acerca de Leibniz que não são tão fáceis de encontrar. A respeito de sua obra matemática, ver o capítulo a ele dedicado em E. T. Bell, *Men of Mathematics* (Homens de Matemática), e em Tobias Dantzig, *Number, The Language of Science* (Número: A Linguagem da Ciência). Sobre Leibniz o filósofo, consulte *Leibniz* e *The Cambridge Companion to Leibniz* (Coleção Didática de Cambridge sobre Leibniz), de C. MacDonald Ross, editados por Nicholas Jolley. Quanto às obras do **próprio** Leibniz, incluindo seus *Discourse on Metaphysics* (Discurso sobre Metafísica) e *Principles of Nature and Grace* (Princípios da Natureza e da Graça), ver G. W. Leibniz, *Philosophical Essays* (Ensaios Filosóficos), editados e traduzidos por Roger Ariew e Daniel Garber.

Agora, gostaria de começar falando-lhe sobre a descoberta da aritmética binária feita por Leibniz que, em certo sentido, marca o próprio início da teoria da informação, e depois lhe contarei o que descobri nos *Discours de Métaphysique*.

LEIBNIZ SOBRE A ARITMÉTICA BINÁRIA E A INFORMAÇÃO

Como eu disse, Leibniz descobriu a aritmética de base dois, e ficou extremamente entusiasmado com isso. Sobre o fato de que

$$10110 = 1 \times 2^4 + 0 \times 2^3 + 1 \times 2^2 + 1 \times 2^1 + 0 \times 2^0$$
$$= 16 + 4 + 2 = 22 \; ???$$

Sim, de fato ele percebeu no *bit* 0 e no *bit* 1 o poder combinatório para criar o universo inteiro, que é exatamente o que acontece nos modernos computadores digitais eletrônicos e no restante de nossa tecnologia de informação digital: CDs, DVDs, câmeras digitais, PCs... Tudo isso é 0's e 1's, e esta é toda a nossa imagem do mundo! Você combina apenas 0's e 1's e você consegue tudo.

Leibniz ficou muito orgulhoso ao notar quão fácil é executar cálculos com números binários, de acordo com o que se poderia esperar se você tivesse alcançado o fundamento lógico da realidade. Certamente, esta observação também foi feita pelos engenheiros dos computadores três séculos mais tarde; a ideia é a mesma, ainda que a linguagem e o contexto cultural em que ela foi formulada sejam bastante diferentes.

Eis o que Dantzig tem a dizer acerca disso em seu livro *Number, The Language of Science*:

> Foi a elegância mística do sistema binário que levou Leibniz a exclamar: *Omnibus ex nihil ducendis sufficit unum* (Um é suficiente para derivar tudo do nada). [Em alemão: "Einer hat alles aus nichts gemacht". Palavra por palavra: "Um fez tudo do nada".] Afirma Laplace:
>
>> Leibniz viu em sua aritmética binária a imagem da Criação... Ele imaginou que a Unidade representava Deus, e o Zero, o vazio; que o Ser Supremo tirou os seres do vazio, exatamente como a unidade e o zero expressam todos os números em seu sistema de numeração... Menciono isso meramente para mostrar como os preconceitos da infância podem enevoar a visão até dos maiores homens!...
>
> Infelizmente! O que outrora era saudado como um monumento ao monoteísmo terminou nas entranhas de um robô. Pois a maioria das máquinas calculadoras de alta velocidade [computadores] opera com base no princípio *binário*.

DOIS
INFORMAÇÃO DIGITAL: DNA/SOFTWARE/LEIBNIZ

A despeito da crítica de Laplace, a visão de Leibniz, pela qual o mundo é criado a partir dos 0's e dos 1's, recusa-se a sair de cena. De fato, ela começou a inspirar alguns físicos contemporâneos, que provavelmente nunca ouviram falar de Leibniz.

Abrindo o número de 1º de janeiro de 2004 da prestigiosa revista *Nature*, descobri uma resenha de livro intitulada "The Bits that Make up the Universe" (Os *Bits* que Formam o Universo). Este artigo era uma revisão da obra de von Baeyer, *Information: The New Language of Science* (Informação: A Nova Linguagem da Ciência), por Michael Nielsen, ele próprio coautor de um amplo e confiável livro chamado *Quantum Computation and Quantum Information*, de Nielsen e Chuang. Eis o que Nielsen tem a dizer:

> Do que é feito o Universo? Um crescente número de cientistas suspeita que a informação desempenha um papel fundamental na resposta a esta questão. Alguns vão a ponto de sugerir que conceitos baseados na informação podem finalmente fundir-se com noções tradicionais como partículas, campos e forças, ou substituí-las. O Universo pode literalmente ser feito de informação, dizem eles, uma ideia habilmente encapsulada no *slogan* do físico John Wheeler: "It from Bit" [Matéria da Informação!]... Estas são ideias especulativas que se encontravam ainda nos primeiros dias do desenvolvimento... Von Baeyer forneceu um panorama acessível e cativante sobre o emergente papel da informação como tijolo fundamental da construção da ciência.

Assim, talvez Leibniz estivesse certo, depois de tudo! De qualquer modo, certamente esta é uma grande visão!

LEIBNIZ SOBRE A COMPLEXIDADE E A ALEATORIEDADE

Muito bem, é hora de dar uma olhada no *Discourse on Metaphysics*, de Leibniz! A ciência moderna estava apenas começando, então. E a questão que Leibniz levanta é: como podemos dizer qual a diferença entre um mundo que é governado por leis – no qual a ciência pode ser aplicada – e um mundo sem leis? Como podemos decidir se a ciência realmente funciona?! Em outras palavras, como podemos distinguir entre um conjunto de observações que obedece a uma lei matemática e um que não obedece?

E, para tornar a questão mais aguda, Leibniz pede-nos que, fechando os nossos olhos e golpeando muitas vezes uma folha de papel com a ponta de uma caneta, pensemos sobre os pontos ali espalhados ao acaso. Mesmo então, observa ele, haverá sempre uma lei matemática que passa através desses precisos pontos!

Sim, esse é certamente o caso. Por exemplo, se os três pontos forem $(x, y) = (a, A), (b, B), (c, C)$ então a seguinte curva passará por esses pontos:

$$y = \frac{A(x-b)(x-c)}{(a-b)(a-c)} + \frac{B(x-a)(x-c)}{(b-a)(b-c)} + \frac{C(x-a)(x-b)}{(c-a)(c-b)}$$

Basta colocar um a toda vez que você avistar um x e você verá que todo o lado direito da expressão acima se reduzirá a A. E isso também vale se você fizer $x = b$ ou $x = c$. Você é capaz de imaginar como isso funciona e escrever a correspondente equação para quatro pontos? A propósito, este procedimento recebeu o nome de interpolação lagrangiana.

Portanto, haverá sempre uma lei matemática, quaisquer que sejam os pontos, não importa como foram dispostos ao acaso!

O fato parece muito desanimador. Como podemos decidir se o universo é caprichoso ou se a ciência funciona realmente?

E aqui está a resposta de Leibniz: Se a lei tem de ser extremamente complicada (*"fort composée"*) então os pontos estão dispostos ao acaso, eles são "irregulares", não estão de acordo com uma lei científica. Mas, se a lei for simples, então se trata de uma genuína lei da natureza e nós não estamos nos fazendo de bobos!

Veja você mesmo: examine as Seções V e VI do *Discours*.

O modo como Leibniz resume seu ponto de vista a respeito do que é que precisamente torna a empreitada científica possível é o seguinte: "Deus escolheu aquilo que é mais perfeito, quer dizer, aquilo em que ao mesmo tempo as hipóteses são tão simples quanto possível, e os fenômenos são tão ricos quanto possível". A tarefa do cientista, por certo, é então imaginar essas hipóteses mais simples possíveis.

(Por favor, note que tais ideias de Leibniz são muito mais fortes do que a navalha de Occam, porque elas nos dizem o **porquê** a navalha de Occam funciona, o porquê ela é necessária. A navalha de Occam assevera meramente que a teoria mais simples é a melhor).

Mas, como podemos **medir** a complexidade de uma lei e compará-la com a complexidade dos dados que ela tenta explicar? Porque ela só é uma lei válida se for mais simples do que os dados, muito mais simples, espera-se. Leibniz não responde a essa questão, que incomodou em demasia Weyl. Mas Leibniz estava de posse de todas as peças, precisava apenas juntá-las. Pois adorava o 0 e o 1, e valorizava a importância das máquinas de calcular.

O modo como eu vou formular a questão é assim: penso numa teoria científica como se fosse um programa de computador binário para calcular as observações, que são também escritas no modo binário. E você tem uma lei da natureza se houver compressão, se os dados experimentais forem comprimidos num programa de computador, que tem um número de *bits* menor do que aqueles que constam dos dados por ele explicados. Quanto maior o grau de compressão, melhor a lei, e mais entendíveis serão os dados para você.

Entretanto, se os dados experimentais não puderem ser comprimidos, se o menor programa para calculá-los for exatamente tão grande quanto o número de dados (e uma teoria assim pode sempre ser encontrada, o que pode sempre ser feito, isto é, por assim dizer, nossa "interpolação lagrangiana"), então os dados serão desprovidos de lei, de estrutura, de padrão, não sendo acessíveis ao estudo científico, serão incompreensíveis. Numa palavra, aleatórios, irredutíveis!

E *esta* foi a ideia que ficou queimando em meu cérebro como um carvão em brasa quando eu tinha quinze anos de idade! Leibniz teria entendido o caso no mesmo instante!

Mas elaborar os detalhes e mostrar que a matemática contém semelhante aleatoriedade – é aí que entra o meu número Ω constituiu a parte difícil, aquela que exigiu de mim o resto de minha vida. Como dizem, gênio é 1% de inspiração e 99% de transpiração. E o diabo está nos pormenores. E o detalhe que me custou o maior esforço foi a ideia de informação autolimitante, que explicarei mais adiante neste capítulo, e sem a qual, como veremos no Capítulo Cinco, não haveria de fato nenhum número Ω.

As ideias discutidas por mim até agora encontram-se sintetizadas nos seguintes diagramas:

A Metafísica de Leibniz:

ideias → **Mente de Deus** → universo

As ideias são simples, mas o universo
é muito complicado!
(Se a ciência se aplica!)
Deus minimiza o lado esquerdo e
maximiza o lado direito.

O Método Científico:

teoria → **Computador** → dados

A teoria é concisa, os dados não são.
Os dados são compressíveis na teoria!

Entendimento é compressão!
Compreender é comprimir!

> **Teoria da Informação Algorítmica:**
>
> programa binário → **Computador** → *output* em forma binária
>
> Qual é o menor programa que produz um dado *output*?
> Se o programa for conciso e o *output* não for, teremos uma teoria.
>
> Se a saída (*output*) for aleatória, então nenhuma compressão é possível,
> e o *input* terá de ser do mesmo tamanho que o *output*.

E aqui está um diagrama do Capítulo Um que eu concebo exatamente da mesma maneira:

> **Matemática (SAF):**
>
> axiomas → **Computador** → teoremas
>
> Os teoremas são compressíveis nos axiomas!

Penso os axiomas como um programa de computador para gerar todos os teoremas. Meço o montante de informação nos axiomas pelo tamanho desse programa. De novo, você quer o menor programa, o mais conciso conjunto de axiomas, o menor número de assunções (hipóteses) que lhe fornecem aquele conjunto de teoremas. Uma diferença com os diagramas prévios: Este programa nunca se detém, ele continua gerando teoremas para sempre; produz um montante infinito de *outputs* e não um montante finito de *outputs*.

E o mesmo tipo de ideias se aplica à biologia:

Biologia:

DNA → **Pregnância** → organismo

O organismo é determinado por seu DNA!
Quanto menor o DNA, mais simples é o organismo.

Pregnância é descompressão
de uma mensagem comprimida.

Assim, eu concebo o DNA como um programa de computador para calcular o organismo. Os vírus têm um programa muito pequeno, os organismos unicelulares têm um programa maior, e os organismos multicelulares necessitam de um programa ainda bem maior.

O SOFTWARE DA VIDA: AMOR, SEXO E INFORMAÇÃO BIOLÓGICA

Um jovem casal apaixonado pode fazer amor várias vezes a cada noite. A natureza não se preocupa com sexo de caráter recreativo; a razão pela qual homens e mulheres romantizam a relação entre eles, são atraídos um para o outro e ficam apaixonados um pelo outro, é de tal ordem que eles serão levados a ter filhos, mesmo se pensarem que estão tentando evitar a concepção! Na realidade, estão tentando arduamente transmitir informação do macho para a fêmea. Toda vez que um homem ejacula dentro de uma mulher por ele amada, um enorme número de células de esperma, cada uma delas, com a metade do *software* de DNA necessário para um indivíduo completo, tenta fertilizar um óvulo.

Jacob Schwartz surpreendeu, certa vez, alunos de ciência da computação ao pedir que calculassem a largura de banda da relação sexual humana, isto é, a taxa de transmissão de informação alcançada no ato da relação amorosa humana. Sou demasiado teórico para me preocupar com uma resposta exata, que, de todo modo, depende de pormenores como o de saber de que maneira você mede o montante de tempo envolvido nisso; mas a classe ficou impressionada com o fato de a largura de banda obtida ser bastante respeitável!

Como é esse *software*? Ele não está escrito na forma binária 0/1 como o *software* de computador. Em vez disso, o DNA está escrito em um alfabeto de quatro letras, as quatro bases que podem ser cada um dos degraus da escada torcida da dupla hélice que constitui uma molécula de DNA. Adenina, A; timina, T; guanina, G; e citosina, C: são estas as quatro letras. Genes individuais, que codificam uma única proteína, são quilobases de informação. E um genoma humano inteiro é medido em gigabases, isto é, uma espécie parecida aos *gigabytes* do *software* de computador.

Cada célula no corpo tem o mesmo software de DNA, o genoma completo, mas dependendo da espécie de tecido e do órgão que estiver dentro dele, ele executa diferentes porções deste software, enquanto utiliza muitas sub-rotinas básicas comuns a todas as células.

Programa (10011...) → **Computador** → *Output*

DNA (GCTATAGC...) → **Desenvolvimento** → Organismo

E esse *software* é altamente conservador, boa parte dele é muito antiga: Muitas sub-rotinas comuns são compartilhadas entre drosófilas (moscas da fruta), invertebrados, ratos e humanos, de modo que elas devem ter se originado em um antigo ancestral comum. De fato, é espantosa a pequena diferença existente entre um chimpanzé e um ser humano, ou mesmo entre um rato e um homem.

Nós não somos algo único; a Natureza gosta de reaplicar boas ideias. Em vez de começar de novo, a cada vez, a Natureza "soluciona" novos problemas remendando – ou seja, modificando ligeiramente ou efetuando mutações – as soluções para velhos problemas, na medida da necessidade. A Natureza é um sapateiro, um funileiro. É muito, muito trabalho, é muito, muito custoso para começar de novo a cada vez. O nosso *software* de DNA acumula por acreção, e é uma bonita colcha de retalhos! E o nosso *software* de DNA inclui também todos aqueles acidentes congelados, aquelas mutações devidas ao fato do DNA copiar erros ou ionizar radiação, que é um possível caminho para que a incerteza quântica seja incorporada no registro evolucionário. Em certo sentido, este é um mecanismo de amplificação que magnifica a incerteza quântica, produzindo um efeito que é macroscopicamente visível.

Outro exemplo dessa constante reutilização de ideias biológicas é o fato de o embrião humano ser, por um breve tempo, um peixe ou, de maneira mais geral, de o desenvolvimento do embrião ter a tendência a recapitular a história evolucionária que leva a este organismo particular. A mesma coisa acontece no *software* humano, no qual é duro livrar-se do velho código, visto que muita coisa está construída com base nele e ele fica rapidamente repleto de sub-rotinas e remendos.

Quando um casal fica loucamente apaixonado, o que ocorre, em termos informacionais teóricos, é que a dupla está dizendo: que belas sub-rotinas a outra pessoa tem, vamos tentar combinar algumas de um com algumas das do outro, vamos fazer isso agora mesmo! É disso que se trata o tempo todo! Assim como uma criança não pode ter o primeiro nome seguido pelos nomes completos do pai e da mãe, porque então os nomes dobrariam de tamanho a cada geração e logo se tornariam demasiado compridos para serem lembrados (embora a nobreza espanhola tivesse tentado conseguir esse feito!), uma criança não pode possuir o *software* inteiro, todo o DNA de ambos os pais. Por isso o DNA de uma criança consiste de uma seleção aleatória de sub-rotinas, metade de um progenitor, metade do outro. Você passa a cada filho apenas a metade de seu *software*, do mesmo modo que você não pode incluir todo o seu nome como parte do nome de seu filho.

Na geração de minha bisavó, na antiga terra natal, as mulheres tinham uma dúzia de filhos, a maioria dos quais morria antes da puberdade. Assim sendo, isso quer dizer que você estava tentando realizar uma dúzia de mesclas de sub-rotinas de DNA de ambos os pais (na Idade Média, não se dava sequer nome aos bebês até completarem um ano de idade, uma vez que muitos deles morriam no primeiro ano de vida). Ora, em lugar de procurar manter as mulheres prenhes o tempo todo, nós dependemos de somas maciças de custosos tratamentos médicos para conservar vivos um ou dois filhos, não importa quão enfermiços eles sejam. Embora semelhante cuidado médico seja maravilhoso para o indivíduo, a qualidade do conjunto de genes humanos se deteriora inevitavelmente para igualar-se ao montante de cuidado médico disponível. Quanto mais cuidados médicos há, mais doentes ficam as pessoas. As maciças somas de tratamentos médicos tornam-se parte da ecologia, e as pessoas passam a depender deles para sobreviver, até que uma criança seja concebida e para que, por sua vez, seus filhos sobrevivam.

Na realidade, muitas vezes uma mulher nem sequer perceberá que esteve grávida por um breve momento, porque o embrião não era de modo algum viável e a gravidez abortou rapidamente por si própria. Destarte, os pais ainda tentam, efetivamente, uma porção de diferentes combinações de suas sub-rotinas, mesmo se possuem apenas poucos filhos.

Estamos apenas começando a descobrir quão poderoso é o *software* biológico. Por exemplo, considere a expectativa de vida humana. Envelhecer não é apenas uma acumulação finalmente fatal de uso e desgaste. Não, a morte é programação, a expectativa de vida de um indivíduo é determinada por um relógio despertador interno. Exatamente como a "apoptose", processo mediante o qual as células individuais são ordenadas para a autodestruição, é uma parte intrínseca do crescimento de uma nova célula e a plasticidade no organismo (ele precisa continuamente gastar-se até o fim para continuamente reconstruir-se), um organismo humano parte sistematicamente para a autodestruição de acordo com uma tabela pré-programada, projetada, sem dúvida, para removê-lo ou removê-la do caminho, de modo que não mais compitam por alimento com seus filhos e indivíduos prenhes, mais jovens (ainda que as avós pareçam desempenhar um papel de ajuda no cuidado dos filhos). Assim, isto é tão-somente *software*! Bem, então deve ser fácil modificá-lo, basta mudar alguns poucos parâmetros-chave no seu código! E, de fato, as pessoas estão começando a pensar que isto pode ser feito. Em um invertebrado, no verme nematóde *C. elegans*, isto já foi feito (trata-se de um trabalho de Cynthia Kenyon). Em seres humanos, talvez dentro de cinquenta ou cem anos, semelhante modificação será uma prática comum ou estará permanentemente incorporada no genoma humano.

A propósito, as bactérias podem não ter sexos diferentes como nós temos, mas elas, com certeza, passam adiante úteis subrotinas de DNA, que é como os antibióticos criam rapidamente superbactérias nos hospitais. Isto recebe o nome de transferência horizontal de genes, porque os genes se dirigem aos contemporâneos e não aos descendentes (o que é uma transferência vertical). E o processo resulta numa espécie de "inteligência bacteriana" devido à habilidade que elas têm para se adaptar rapidamente ao novo ambiente.

O QUE SÃO BITS E QUAL A SUA UTILIDADE?

Os hindus sentiam-se fascinados pelos grandes números. Há uma parábola sobre uma montanha de diamante, a substância mais dura do mundo, de uma milha de altura e uma milha de largura. A cada mil anos um belo pássaro dourado voa sobre esta montanha e derrama uma única lágrima que desgasta um pequeno, pequeníssimo pedaço de diamante. E o tempo que será levado para estas lágrimas desgastarem completamente a montanha de diamante, este tempo imenso, não passa de um piscar de olhos de um dos deuses!

Quando era pequeno, como muitos futuros matemáticos eu me sentia fascinado pelos grandes números. Eu ficava sentado na escadaria do edifício em que vivíamos com um pedaço de papel e lápis, e escrevia o número 1 e depois o dobrava, depois o dobrava de novo e de novo, até que eu enchia a folha toda ou a minha paciência:

$$2^0 = 1$$
$$2^1 = 2$$
$$2^2 = 4$$
$$2^3 = 8$$
$$2^4 = 16$$
$$2^5 = 32$$
$$2^6 = 64$$
$$2^7 = 128$$

$$2^8 = 256$$
$$2^9 = 512$$
$$2^{10} = 1024$$
$$2^{11} = 2048$$
$$2^{12} = 4096$$
$$2^{13} = 8192$$
$$2^{14} = 16384$$
$$2^{15} = 32768 \ldots$$

Uma tentativa semelhante para se alcançar o infinito é pegar uma folha de papel e dobrá-la ao meio e depois dobrá-la ao meio de novo e de novo, até que o papel se torne grosso demais para ser dobrado, o que acontece com bastante rapidez...

O que tudo isso tem a ver com a informação? Bem, a dobradura tem muito a ver com os *bits* de informação, com mensagens em modo binário e com os *bits* (sigla para *b*ynary dig*its*) ou dígitos binários, 0 e 1, a partir dos quais podemos construir o universo inteiro!

Um *bit* de informação, uma sequência com um *bit* de comprimento, pode distinguir duas diferentes possibilidades. Dois *bits* de informação, uma sequência de dois *bits* de comprimento, pode distinguir quatro diferentes possibilidades. Cada vez que você adiciona um outro *bit* à mensagem, você dobra o número de possíveis mensagens. Há 256 possíveis mensagens diferentes de 8-*bits*, e há 1024 possíveis mensagens diferentes de 10-bits. Assim, dez *bits* de informação são grosseiramente equivalentes a três dígitos de informação, porque dez *bits* podem representar 1024 possibilidades, enquanto três dígitos podem representar 1000 possibilidades.

INFORMAÇÃO DIGITAL: DNA/SOFTWARE/LEIBNIZ

Duas possibilidades:
                        0, 1.

Quatro possibilidades:
                        00, 01, 10, 11.

Oito possibilidades:
                        000, 001, 010, 011, 100, 101, 110, 111.

Dezesseis possibilidades:
                        0000, 0001, 0010, 0011, 0100, 0101, 0110, 0111,
                        1000, 1001, 1010, 1011, 1100, 1101, 1110, 1111.

É assim que se apresenta a informação crua, é deste modo que a informação crua binária se mostra dentro de um computador. Tudo está em forma binária, tudo é construído a partir dos 0's e dos 1's. E os computadores possuem relógios para sincronizar tudo isso e, em um dado ciclo de relógio, um sinal elétrico representa um 1, e nenhum sinal representa um 0. Esses sistemas de dois estados podem ser construídos de maneira bastante confiável, e tudo em um computador será então construído a partir deles.

O que fazem essas sequências binárias, essas sequências de *bits*, essas mensagens binárias, o que elas representam? Bem, as sequências de *bits* podem representar muitas coisas. Por exemplo, números:

                0:     0
                1:     1
                2:     10
                3:     11
                4:     100
                5:     101

6: 110
7: 111
8: 1000
9: 1001
10: 1010

Ou você pode usar um "byte" de 8-*bits* para representar um único caráter, usando o código de caracteres ASCII, que é empregado pela maior parte dos computadores. Por exemplo:

A:	01000001
B:	01000010
C:	01000011
a:	01100001
b:	01100010
c:	01100011
0:	00110000
1:	00110001
2:	00110010
(:	00101000
):	00101001
espaço em branco ou *blank*:	00100000

E você pode usar uma sequência de *bytes* de 8-*bits* para representar sequências de caracteres. Por exemplo, na linguagem de programação LISP, como você escreve a expressão aritmética para 12 mais 24? Isto é escrito na LISP como

(+ 12 24)

DOIS
INFORMAÇÃO DIGITAL: DNA/SOFTWARE/LEIBNIZ

Esta expressão LISP com 9 caracteres indica o resultado da soma dos números 12 e 24, e seu valor é, portanto, o número 36. Esta expressão LISP possui 9 caracteres porque há sete caracteres visíveis mais dois espaços em branco, e dentro de um computador isto vem a ser uma sequência de *bits* com 9 × 8 = 72 *bits*. E você pode facilmente construir objetos mais complicados parecidos com esse. Por exemplo, a expressão LISP para adicionar o produto de 3 e 4 ao produto de 5 e 6 é esta:

$$(+ \ (* \ 3 \ 4) \ (* \ 5 \ 6))$$

Esta expressão tem 19 caracteres e é, portanto, representada como uma sequência de *bit* de 19 × 8 = 152 *bits*. Mas essa sequência de *bits* de 152 *bits* poderia também ser interpretada como um número extremamente grande, um que fosse de 152 *bits* ou, lembrando que 10 *bits* valem cerca de 3 dígitos de informação, cerca de (152/10 = 15) × 3 = 45 dígitos de comprimento.

Assim, pois, as sequências de *bits* são neutras, constituem pura sintaxe, mas é uma convenção relativa à semântica que lhe dá significado. Em outras palavras, sequências de *bits* podem ser usadas para representar muitas coisas: números, sequências de caracteres, expressões LISP e, mesmo, como todos nós sabemos, imagens coloridas, uma vez que estas também se encontram em nossos computadores. Em cada caso a sequência de *bits* é mais uma convenção para interpretá-los, que nos capacita a determinar o seu significado, seja ele um número, uma sequência de caracteres, uma expressão LISP ou uma imagem colorida. Para as imagens é preciso de fato fornecer a sua altura e largura em *pixels*, ou elementos de imagem (pontos numa tela) e depois a intensidade do vermelho/verde/azul em cada ponto, cada qual com uma precisão de 8-*bits*, que perfaz um total de 24 *bits* por *pixel*.

O QUE É INFORMAÇÃO BIOLÓGICA?

Eis um exemplo específico que é de grande interesse para nós como seres humanos. Nossa informação genética (DNA) é escrita com um alfabeto de 4 símbolos:

$$A, C, G, T$$

Estes são os símbolos para cada uma das possíveis bases a cada degrau de um DNA de dupla hélice. Assim, cada uma dessas bases corresponde exatamente a 2 *bits* de informação, pois dois *bits* permitem-nos especificar exatamente $2 \times 2 = 4$ possibilidades.

Por sua vez, uma sequência (um tripla) (um códon) de três bases "codifica" (especifica) um aminoácido específico. De modo que cada códon de DNA corresponde a $3 \times 2 = 6$ *bits* de informação. Uma proteína individual é determinada dando-se a sequência linear de seus aminoácidos numa porção do DNA que é chamada gene. O gene determina a "medula espinhal" de aminoácidos de cada proteína. Uma vez sintetizada em um ribossoma, a proteína dobra-se imediatamente numa complicada forma tridimensional. Este processo de dobramento não é bem compreendido no estado atual da ciência, pois requer montantes maciços de computação para simulá-lo. É a complicada forma geométrica da proteína que determina sua atividade biológica. Por exemplo, as

DOIS
INFORMAÇÃO DIGITAL: DNA/SOFTWARE/LEIBNIZ

enzimas são proteínas que catalisam (grandemente facilitadas e aceleradas) reações químicas específicas, mantendo os reagentes próximos uns dos outros, exatamente na forma correta para que elas reajam uma com a outra.

Essa é a história, falando de um modo grosseiro, mas o DNA é, na realidade, muito mais sofisticado do que isso. Por exemplo, algumas proteínas ligam e desligam outros genes; em outras palavras, elas controlam a "expressão" gene. Estamos lidando aqui com uma linguagem de programação que pode executar cálculos complicados e rodar por meio de sequências sofisticadas de expressões-gene como resposta a mudanças nas condições ambientais!

Como foi dito antes, o *software* DNA de alguns dos nossos primos macacos e de outros mamíferos parentes próximos é surpreendentemente similar ao nosso. As sub-rotinas DNA são fortemente "conservadas"; elas são re-utilizadas constantemente por muitas espécies diferentes. Bom número de nossas sub-rotinas básicas está presente em seres vivos muito primitivos. Elas não mudaram demais; a natureza gosta de reutilizar boas ideias.

A propósito, um ser humano possui 3 giga-bases, isto é, 3Gb, de DNA:

> **Ser humano** = 3 giga-bases = 6 giga-*bits*!!!

As unidades convencionais de informação biológica são: quilo-bases (genes), mega-bases (cromossomos) e giga-bases (genomas inteiros do organismo). Isto é, milhares, milhões e bilhões de bases, respectivamente.

COMPRIMINDO IMAGENS DIGITAIS E VÍDEO

Dizem que uma imagem vale mil palavras. De fato, uma imagem de mil-por-mil-pontos tem um milhão de *pixels*, e cada *pixel* requer 3 *bytes* = 24 *bits* para especificar a mescla de cores primárias. Assim, uma imagem de mil por mil corresponde a 3 *megabytes* ou 24 *megabits* de informação. Todos nós já sentimos alguma vez a frustração de ter de esperar que uma imagem grande tome forma em um *browser*, isto é, um navegador de rede.

O vídeo digital requer a transmissão de muitas imagens por segundo para criar a ilusão de um movimento suave e contínuo, e isto exige uma largura de banda de internet extremamente alta para funcionar bem, digamos, de trinta quadros por segundo. Essa espécie de conexão de largura de banda alta encontra-se agora disponível apenas internamente dentro de organizações, mas não através da internet entre organizações. Seria bom estar em condições de distribuir vídeo digital de alta resolução, HDTV (sigla inglesa para *high resolution digital vídeo*), através da rede, mas isto infelizmente não é prático neste momento.

Mas, não há, realmente, esse tanto de informação lá – você não precisa efetivamente transmitir todos esses *bits*. As compressões técnicas são largamente usadas a fim de acelerar a transmissão de imagens digitais e vídeo. A ideia é tirar vantagem do fato de que grandes regiões de uma foto podem ser mais ou menos as mesmas, e que sucessivos quadros de um vídeo podem não diferir esse tanto, um do outro. Assim, em vez de transmitir as imagens diretamente, você apenas envia descrições compactas delas, e depois, na ponta da recepção, você as descomprime e recria as imagens originais. Este processo é parecido com elementos desidratados e congelados (dessecados), que você leva consigo montanha acima. Basta adicionar água e calor e você recria as comidas originais, que são em grande parte água e muito mais pesadas do que os "comprimidos" congelados desidratados.

Por que funcionam tão bem essas compressões e descompressões? É porque as imagens estão longe de ser aleatórias. Se cada *pixel* não tem absolutamente nenhuma conexão com quaisquer de seus *pixels* vizinhos e se quadros sucessivos de um vídeo digital estivessem totalmente desconectados, então nenhuma técnica de compressão funcionaria. As compressões técnicas são inúteis se forem aplicadas ao ruído, a uma confusão louca que surge se uma antena estiver desligada, porque ali não há absolutamente nenhum padrão para ser comprimido.

Outra maneira de formular o problema é dizendo que a imagem mais informativa é aquela em que cada *pixel* constitui uma completa surpresa. Felizmente, as imagens reais quase nunca são assim. Mas reencontraremos este importante tema mais adiante, no Capítulo Quatro, quando iremos tomar a incompressibilidade e usá-la como base de uma definição matemática de um número real aleatório. E depois, no Capítulo Cinco, descobriremos um número aleatório desse tipo na matemática pura: a probabilidade de parada Ω. Ω é uma sequência infinita de *bits* na qual não há padrão, e não há também correlações. Seus *bits* são fatos matemáticos que não podem ser comprimidos em axiomas que, por sua vez, são mais concisos do que eles. Assim, de maneira bastante surpreendente, a tecnologia da compressão/descompressão da TV e do DVD pode, na realidade, ter algo a ver com questões mais importantes, ou seja, com a filosofia e os limites do conhecimento!

De fato, as ideias filosóficas e matemáticas antecedem estas aplicações práticas de compressão e descompressão. Não existiam DVD's quando eu comecei a trabalhar sobre estas ideias, no início de 1960. Naquele tempo, a gravação em áudio e vídeo era analógica, não digital. E o hoje vulgar poder de computação, necessário para comprimir e descomprimir o áudio e o vídeo, simplesmente não era então disponível. Discos de vinil costumavam empregar a profundidade de um sulco para gravar um som, não 0's e 1's como o CD faz. Lembro-me até do toca-discos totalmente mecânico de meus avós, que, sem nenhum emprego de eletricidade, ainda funcionava perfeitamente quando eu era criança com os velhos e pesados discos de 78-rpm. Que progresso espantoso!

É pena que a sociedade humana não tenha progredido no mesmo passo dessa tecnologia! Na verdade, em certos aspectos retrocedemos, não progredimos de modo algum. A tecnologia pode ser aperfeiçoada com bastante facilidade, mas a alma humana, esta é algo imensamente difícil de aperfeiçoar.

Mas, segundo John Maynard Smith e Eörs Szathmáry (veja seus livros *The Major Transitions in Evolution* [As Principais Transições na Evolução] e *The Origins of Life* [As Origens da Vida]), essa espécie de progresso tecnológico não é importante apenas em aparelhos eletrônicos para consumidores; ela é também responsável pelos principais passos à frente na evolução da vida neste planeta. Ela desempenhou um papel fundamental na criação de um imenso número de formas de vida novas e aperfeiçoadas, que são, em certo sentido, múltiplas **origens** de vida, ou seja, momentos quando a vida neste planeta se reinventava a si própria com sucesso. Para ser mais específico, os dois autores veem os principais passos à frente na evolução ocorrendo em cada ponto no tempo, quando organismos biológicos foram capazes de inventar e tirar vantagem de técnicas radicalménte novas e aprimoradas para representar e armazenar informações biológicas.

Isso se estende até a sociedade humana e a história humana! Em seus livros, *The New Renaissance* (A Nova Renascença) e *Phase Change* (Período de Mudança), Douglas Robertson defende, de maneira convincente, o ponto de vista de que os principais passos adiante na evolução social humana deram-se por causa da linguagem, que nos separa dos macacos; por causa da linguagem escrita, que possibilita a civilização; por causa do prelo, do papel barato e dos livros a baixo preço, que provocaram o Renascimento e a Ilustração; e por causa do PC e da rede, que são os motores atuais de mudanças sociais drásticas. Cada transição de monta ocorreu porque se tornou possível para a sociedade humana registrar e transmitir um volume enorme de informações. Isso pode não ser a história **toda**, mas o volume de informações que pode ser gravado e rememorado e a disponibilidade da informação, com certeza, desempenhou um papel da maior importância.

O QUE É INFORMAÇÃO AUTODELIMITANTE?

Pois bem, até aqui discutimos o que é informação e o fundamental papel que ela desempenha na biologia – e até na determinação de nossa forma de organização social humana! – e a ideia de compressão e descompressão. Mas a outra importante ideia que eu gostaria de lhe transmitir a este respeito, e logo, é a de como tornar a informação "autodelimitante". Que diabo é isto?!

O problema é muito simples: Como é que podemos dizer aonde uma mensagem binária termina e a outra começa, de modo que possamos ter **várias** mensagens numa fila e não ficar confusos? (Isto é também, verificaremos, um passo essencial na direção do número Ω!). Bem, se conhecermos exatamente quão longa é cada mensagem, então não haverá problema. Mas, como é que podemos ter mensagens capazes de indicar quão longas elas próprias são?

Bem, há muitas maneiras de se fazer isso, com graus crescentes de sofisticação.

Por exemplo, um destes meios é duplicar cada *bit* da mensagem original, e depois incluir um par de *bits* desiguais no fim. Por exemplo, a mais simples sequência binária

$$\text{Sequência original:} \quad 011100$$

torna-se sequência binária autodelimitante

$$\text{Com }\textit{bits}\text{ duplicados:} \quad 00\ 11\ 11\ 11\ 00\ 00\ 01.$$

O único problema com esta técnica é que nós apenas duplicamos o comprimento de cada sequência! É verdade, se virmos duas de tais sequências em uma fileira, ou se nos forem dadas duas de tais sequências numa fileira, saberemos exatamente onde separá-las. Por exemplo,

$$\text{Duas sequências autodelimitantes:}$$
$$00\ 11\ 11\ 11\ 00\ 00\ 01 \quad 11\ 00\ 11\ 00\ 10$$

nos fornecem duas sequências separadas

011100, 1010.

Mas tivemos de duplicar o tamanho de tudo! Isto é um preço muito alto a pagar! Haverá um caminho melhor para tornar a informação autodelimitante? Sim, certamente há!

Comecemos de novo com

011100

Desta vez, porém, vamos colocar diante dessa sequência um prefixo, um cabeçalho que nos indique com precisão quantos *bits* há nessa mensagem (6). Para fazer isso, escrevamos seis em forma binária, o que nos dá 110 (4 + 2), e depois usemos um truque de duplicação de *bits* no prefixo, de modo que possamos conhecer onde o cabeçalho termina e a efetiva informação começa:

Com um cabeçalho: 11 11 00 01   011100

Neste caso particular, usar um cabeçalho de *bit* duplicado como este não é melhor do que duplicar a mensagem original inteira. Mas, se a nossa mensagem original for muito comprida, dobrar o cabeçalho seria um bocado mais econômico do que duplicar tudo.

Será que há uma maneira melhor de fazer isto?! Sim, há: não é preciso duplicar o cabeçalho inteiro. Podemos colocar apenas um prefixo à frente do cabeçalho que nos indique quão longo é o cabeçalho e somente dobrá-**lo**. Assim, dispomos agora de **dois** cabeçalhos, e somente o primeiro está duplicado, e nada mais. Quantos *bits* há no nosso cabeçalho original? Bem, o cabeçalho é 6 = 110, que tem apenas 3 = 11 *bits* de comprimento, que duplicado nos fornece 11 11 01. Assim, chegamos agora ao seguinte:

        Com dois cabeçalhos: 11 11 01   110   011100.

Neste caso, usar dois cabeçalhos é, na realidade, mais longo do que usar um só. Mas, se nossa mensagem original fosse muito, muito comprida, então isso nos pouparia uma porção de *bits*.

    E você pode prosseguir nesse caminho cada vez mais, adicionando mais e mais cabeçalhos, cada qual comunicando-nos o tamanho do **próximo** cabeçalho, estando somente o **primeiro** de todos os cabeçalhos duplicado!

    Assim, acho que você captou a ideia. Existe uma porção de caminhos para tornar a informação autodelimitante! E o número de *bits* que você deve acrescentar para fazer isso não é muito grande. Se você começar com uma mensagem de N-*bits*, você poderá torná-la autodelimitante adicionando apenas o número de *bits* necessários para especificar N de um modo autodelimitante. Desta forma, você fica sabendo aonde começam todas as informações do cabeçalho, a parte que nos fala de N, dos términos, e onde começa a efetiva informação, ou seja, os N-*bits* dela. Certo? Está claro?

    Isto é mais importante do que parece. Primeiro de tudo, a informação autodelimitante é **aditiva**, significando que o número de *bits* necessários para transmitir duas mensagens em fila é apenas a soma do número de *bits* que ela precisa para transmitir cada mensagem separadamente. Em outras palavras, se você pensa em mensagens individuais como sub-rotinas, você pode combinar muitas sub-rotinas em um programa maior sem ter de adicionar quaisquer *bits* – na medida em que você sabe apenas quantas sub-rotinas há, o que, em geral, você sabe.

E isso não é tudo. Voltaremos a falar de informação autodelimitante mais tarde, quando discutirmos como a probabilidade de parada Ω é definida, por que a definição funciona e, na realidade, define uma probabilidade. Em suma, ela funciona porque nós estipulamos que estes programas, com os quais a probabilidade de parada Ω conta, têm de ser informação binária autodelimitante. Do contrário, Ω não faz sentido, porque você não pode usar um único número para contar os programas de **qualquer** tamanho que se detenha, você só pode fazê-lo para programas de um tamanho particular, o que não é muito interessante.

Mais tarde, discutiremos isso de novo. Trata-se provavelmente da coisa mais difícil de entender com respeito a Ω. Mas, ainda que eu não possa explicar-lhe isso suficientemente bem para o seu entendimento, lembre-se apenas que estamos lidando com informação autodelimitante, e que todos os programas de computação que estivemos e estaremos considerando são binários autodelimitantes; isto lhe dará a ideia geral de como as coisas funcionam. Ok?

Teoria Algorítmica da Informação

Informação autodelimitante → **Computador** → *output*

Qual é o menor programa autodelimitante que produz um dado *output*? O tamanho deste programa em *bits* é a complexidade H (*output*) do *output*.

No fim de contas, você não pretende tornar-se um perito neste campo (pelo menos não ainda!), você quer apenas ter uma ideia geral do que está acontecendo, e do que são feitas as ideias importantes.

MAIS SOBRE A TEORIA DA INFORMAÇÃO & BIOLOGIA

De outro lado, diferentes espécies de organismos necessitam de diferentes quantidades de DNA. E o DNA especifica como construir o organismo, e como ele funciona.

> DNA → **Desenvolvimento/Embriogênese/Pregnância** → Organismo
>
> **Complexidade/Medida de Tamanho:**
> *quilo/mega/gigabases de* DNA.
>
> E é possível classificar mais ou menos organismos
> em uma hierarquia de complexidade baseada
> na quantidade de DNA que eles necessitam:
> vírus, células sem núcleos, células com
> núcleos, organismos multicelulares, humanos...

Esta é a realidade biológica. Agora, vamos abstrair daí um modelo matemático altamente simplificado:

DOIS
INFORMAÇÃO DIGITAL: DNA/SOFTWARE/LEIBNIZ

> Programa → **Computador** → *Output*
>
> **Complexidade/Medida de Tamanho:**
> *bits/quilobytes/mega/gigabytes de software*
>
> H (*Output*) = tamanho do menor programa para computá-lo

Na realidade, um *byte* = 8 *bits*, e quilo/mega/gigabytes são as unidades convencionais de tamanho de *software*, que levam à confusão com as bases (= 2 *bits*), que também começa com a letra "b"! Um meio de evitar a confusão é usar a letra maiúscula "B" para "*bytes*", e a letra minúscula "b" para as "bases". Assim KB, MB, GB, TB = quilo/mega/giga/terabytes, e Kb, Mb, Gb, Tb = quilo/mega/giga/terabases. E o quilo = mil (10^3), o mega = um milhão (10^6), o giga = um bilhão (10^9), o tera = um trilhão (10^{12}). Entretanto, como teórico, eu vou pensar apenas em simples *bits*; em geral, não quero usar qualquer dessas medidas práticas de tamanho de informação.

Agora, permita-me ser provocativo: A ciência está procurando o DNA do Universo!

> **Um Modelo Mesclado:**
>
> DNA → **Computador** → Universo!
>
> O que é a complexidade do universo inteiro?
> Qual é o menor montante de *software*/DNA
> para construir o mundo?

Portanto, em certo sentido, a teoria da informação algorítmica (TIA) é inspirada pela biologia! Certamente a biologia é o domínio da complexidade, é o exemplo mais óbvio da complexidade no mundo, não físico, onde há princípios unificadores simples, onde há equações simples que explicam tudo! Mas pode a TIA contribuir para a biologia?! Podem ideias fluir da TIA para a biologia, mais do que da biologia para a TIA? É preciso ser muito cuidadoso!

Primeiro de tudo,

Teoria da Informação Algorítmica:

programa → **Computador** → *output*

Qual é o menor programa para um dado *output*?

---

o modelo da TIA **não** impõe limite de tempo na computação. Mas, no mundo da biologia, nove meses já é um tempo longo para produzir um novo organismo, isto é, uma longa gravidez. E alguns genes são repetidos porque se fazem necessárias grandes quantidades de proteínas que eles codificam. Assim, a TIA é um modelo ingênuo demais para ser aplicado à biologia. O DNA **não** é o tamanho mínimo para o organismo que ele produz.

Em minha teoria, um programa não deve apresentar redundância. Porém, no DNA e no mundo real, a redundância é boa. Se não houvesse nenhuma, qualquer mudança em uma mensagem renderia **outra** mensagem válida. Mas a redundância torna possível efetuar correção do erro e sua detecção, o que é muito importante para o DNA (na verdade, o DNA, efetivamente, contém

pares de bases complementares, não bases individuais, de modo que já é uma forma de redundância).

Mas, infelizmente, a fim de nos habilitar a provar teoremas, precisamos usar um modelo menos complicado, um modelo simplificado (*toy model*), um que se aplique bem à matemática, mas não necessariamente à biologia. Lembre-se: a matemática pura é muito mais fácil de ser entendida, muito mais simples do que o confuso mundo real!

Complexidade!

É uma ideia da Biologia transportada para a Matemática.

***Não** é uma ideia da Matemática transportada para a Biologia.*

A TIA também falha na biologia em outro aspecto crucial. Olhe para um cristal e para um gás. Um deles tem elevada complexidade, isto é, programa de tamanho grande, o outro tem baixa complexidade, isto é, programa de tamanho pequeno, mas **nenhum** dos dois está organizado, nenhum deles têm qualquer interesse biológico!

Gás, Cristal

H (Cristal) é muito baixo porque
se trata de uma fileira regular de átomos imóveis.

H (Gás) é muito alto porque é preciso especificar o lugar em que cada átomo está e para onde está indo e quão depressa.

Eis aqui, entretanto, uma aplicação biológica (muito teórica) da TIA, que utiliza informação mútua, a extensão em que duas coisas consideradas em conjunto são mais simples do que consideradas em separado. Em outras palavras, esta é a extensão em que o menor programa que computa **as duas** simultaneamente é menor do que a soma do tamanho dos menores programas individuais de cada um deles, tomadas em separado.

Informação Mútua Entre X e Y

A informação mútua é igual a $H(X) + H(Y) - H(X, Y)$.

É **pequena** se $H(X, Y)$ for aproximadamente igual a $H(X) + H(Y)$.

É **grande** se $H(X, Y)$ for muito menor do que $H(X) + H(Y)$.

Observe que $H(X, Y)$ **não pode ser** maior do que $H(X) + H(Y)$ porque os programas são informações binárias autodelimitantes.

Se duas coisas têm muito pouco em comum, não faz diferença se as considerarmos em conjunto ou separadamente. Mas, se tiverem um bocado de coisas em comum, então poderemos eliminar sub-rotinas comuns quando as calculamos ao mesmo tempo e, assim, a informação mútua será maior. E no que se refere à biologia? Bem, há o problema do todo *versus* as partes. Com que direito podemos fazer uma partição do mundo de nossa experiência em vez de considerá-lo como um todo unificado? Vou discutir isso mais adiante. A informação mútua também possui uma aplicação extremamente teórica na teoria da música e não apenas na biologia teórica. Como?

Na música, podemos usar a medida de informação mútua a fim de verificar o grau de proximidade de duas composições, ver o quanto elas têm em comum. É de se presumir que duas obras de Bach tenham informação mútua mais elevada do que uma obra de Bach e outra de Shostakóvitch. Ou podemos também comparar o corpo inteiro da obra de dois compositores. Dois compositores barrocos terão mais em comum do que um barroco e outro romântico.

Bach, Shostakóvitch

H (Bach, Shostakóvitch) é aproximadamente igual a
H (Bach) + H (Shostakóvitch).

$Bach_1$ = Concertos de Brandenburgo
$Bach_2$ = Arte da Fuga

H ($Bach_1$, $Bach_2$) é muito menor do que H ($Bach_1$) + H ($Bach_2$)

E no que se refere à biologia? Como eu disse, há o problema do todo *versus* as partes. Com que direito podemos nós dividir o universos em partes, mais do que considerá-lo um todo interatuante? Bem, as partes de um organismo possuem elevada informação mútua (porque todas elas contêm o genoma completo para aquele organismo, todas elas têm o mesmo DNA, ainda que diferentes células em diferentes tecidos resultem em diferentes partes daquele DNA). Além disso, é natural dividir um todo em pedaços se a complexidade, isto é, o tamanho do programa, decompõe-se aditivamente, isto é, se a complexidade do todo for aproximadamente igual à soma das complexidades daquelas partes, o que significa que suas mútuas interações não são tão importantes quanto suas interações internas. Isto, por certo, aplica-se aos seres vivos!

Fred, Alice

H (Fred, Alice) é aproximadamente igual a H (Fred) + H (Alice).

Braço esquerdo de Fred, braço direito de Fred

H (braço esquerdo, braço direito) é muito menor do que
H (braço esquerdo) + H (braço direito).

Mas será que temos realmente o direito de falar acerca da complexidade de um objeto físico como H (Alice), H (Fred)?! Da complexidade de objetos digitais sim, pois todos eles são apenas sequências finitas de 0's e 1's. Mas os físicos, em geral, usam **números reais** para descrever o mundo físico, e assumem que o espaço, o tempo e muitas quantidades mensuráveis podem variar continuamente. E um número real não é um objeto digital, é um objeto análogo. Uma vez que ele varia continuamente, e não em saltos discretos, se você converter um número desse tipo em *bits*, você obterá um número infinito de *bits*. Mas os computadores não podem executar computações com números que tenham

um infinito número de *bits*! E minha teoria da informação algorítmica baseia-se no que os computadores podem fazer.
Será que isto puxa o tapete de tudo? Felizmente não.

No Capítulo Três discutiremos se o mundo físico é realmente contínuo ou se poderia, efetivamente, ser discreto, como alguns rebeldes estão começando a suspeitar. Veremos que há, de fato, muitas razões físicas para rejeitar os números reais. No Capítulo Quatro, trataremos das razões matemáticas e filosóficas para rejeitar os números reais. Existem montanhas de argumentos contra os números reais, e justamente porque as pessoas em geral não estão dispostas a dar ouvido a qualquer deles!

Assim, nossa abordagem digital pode, na realidade, ter um espectro verdadeiramente amplo de aplicabilidade. Depois dessa vindicação tranquilizadora com respeito ao nosso ponto de vista digital, a estrada estará finalmente aberta para chegarmos ao Ω, o que acontecerá no Capítulo Cinco.

TRÊS

INTERMEZZO

A PARÁBOLA DA ROSA

Vamos fazer uma pausa. Por favor, dê uma olhada nesta magnífica rosa:

Em seu maravilhoso conto filosófico *A Rosa de Paracelso* (1983), Borges pinta este alquimista medieval, que gozava da fama de ser capaz de recriar uma rosa a partir de suas cinzas:

O jovem ergueu a rosa no ar.
"Vocês são famosos – disse ele – por serem capazes de queimar uma rosa até as cinzas e fazê-la emergir de novo, pela magia de suas artes.

Deixem-me testemunhar este prodígio. Peço-lhes isto, e em troca eu lhes oferecerei minha vida inteira..."

"Ainda há algum fogo aí – disse Paracelso, apontando para o coração. Se vocês atirarem esta rosa nas brasas, vocês acreditariam que ela foi consumida e que suas cinzas são reais. Eu lhes digo que a rosa é eterna e que somente suas aparências podem mudar. A uma palavra minha e vocês a veriam de novo".

"A uma palavra?" – perguntou o discípulo, intrigado. "O forno está frio e as retortas estão cobertas de pó. O que vocês fariam para trazê-la de volta?"[1]

Agora, permita-me que eu traduza isso para a linguagem de nossa teoria.

O *conteúdo da informação algorítmica* (complexidade como tamanho de programa) H (rosa) de uma rosa é definido como o tamanho em *bits* do menor programa de computador (algoritmo) p_{rosa} que produz a imagem digital desta rosa.

Esta descrição algorítmica de tamanho mínimo p_{rosa} captura a **essência irredutível** da rosa, e é o número de *bits* que você precisa preservar a fim de estar apto a recuperar a rosa:

cinzas → **Alquimia/Paracelso** → rosa

[1] Jorge Luis Borges, *Collected Fictions*, traduzido por Andrew Hurley, Penguin Books, 1999, p. 504-507. No original, *La Rosa de Parcelso*, ver Borges, *Obras Completas*, Tomo III, Emecé, 1996, p. 387-390.

> programa de tamanho mínimo p_{rosa} → **Computador** → rosa

tamanho em *bits* de p_{rosa} =

> conteúdo da informação algorítmica H (rosa) da rosa

H (rosa) mede a **complexidade conceitual** da rosa, isto é, a dificuldade (em *bits*) de formular uma concepção sobre a rosa, o número de **escolhas independentes sim/não** que devem ser efetuadas a fim de realizar isto. Quanto maior for H (rosa), **menos inevitável** será para Deus criar esta rosa particular, como um ato independente de criação.

De fato, a obra de Edward Fredkin, Tommaso Toffoli e Norman Margolus sobre autômatos celulares reversíveis mostrou que há universos simplificados discretos em que **nenhuma informação jamais é perdida**, ou seja, falando em termos medievais, **a alma é imortal**. Naturalmente, esta não é uma terrível espécie pessoal de imortalidade; ela significa apenas que haverá sempre informação suficiente para permitir a reversão do tempo e a recuperação de qualquer estado prévio do universo.

Além do mais, a rosa que estamos considerando é somente uma imagem *jpeg* (padrão de comparação de imagens caracterizadas), sendo apenas uma rosa digital. E quanto a uma rosa real? Será analógica ou digital? Será analógica ou digital a realidade física? Em outras palavras, nesse universo haverá número reais de precisão infinita, ou será que tudo é construído a partir de um número finito de 0's e 1's?

Bem, vamos ouvir o que Richard Feynman tem a dizer a este respeito:

> Sempre me incomoda, de acordo com as leis como nós as entendemos hoje, que uma máquina de computação tenha de realizar um número infinito de operações lógicas para calcular o que está acontecendo, em não importa quão pequena região do espaço e não importa quão pequena região do tempo. Como é que pode tudo isto estar acontecendo nesse pequeno espaço? Por que deve levar uma quantidade infinita de lógica para calcular o que um pequeno pedaço de espaço/tempo vai fazer? Assim sendo, tenho amiúde aventado a hipótese de que, em última análise, a física não exigirá um enunciado matemático, que no fim a maquinaria será revelada, e que as leis hão de se mostrar simples como um tabuleiro de xadrez[2].

Fredkin contou-me que passara anos tentando fazer com que Feynman levasse a sério a física digital, e que ficara muito satisfeito em ver suas ideias reproduzidas nesta passagem do livro de Feynman! Pois uma ideia para ser bem sucedida, você precisa entregá-la, você precisa estar disposto a deixar outras pessoas pensarem que a ideia era delas! Você pode ser possessivo, mas não pode ser cioso!...

Houve tempo que eu ficava fascinado com a física e queria muito saber se a realidade física era discreta ou contínua.

Mas o que realmente eu quero saber agora é: "O que é a vida?" "O que é a mente?" "O que é a inteligência?" "O que é a consciência?" "O que é a criatividade?". Trabalhando em um mundo simplificado (*toy world*), e usando a física digital, nós podemos,

[2] *The Character of Physical Law*.

confiantemente, alimentar a esperança de não nos atolarmos na física e, ao invés, nos concentrarmos na biologia.

Eu chamo isso de física teórica teorética, porque, mesmo se tais modelos não se aplicarem a **este** mundo **particular**, eles são possíveis mundos **interessantes**!

Minha ambição última que, espero eu, alguém realizará algum dia, seria a de **provar** que a vida, a inteligência e a consciência devem, com a maior probabilidade, desenvolver-se num desses mundos simplificados (*toy world*). Brincando assim de Deus, é importante você tirar mais do que pôs, porque, do contrário, a coisa toda pode ser apenas uma trapaça. Assim, o que seria realmente bom é estar apto a conseguir **mais** inteligência, ou um grau mais alto de consciência do que aquele que você mesmo possui! Você sim estabeleceu as regras para simulação do universo simplificado em primeiro lugar.

Isto não é certamente um trabalho fácil de realizar, mas penso que tal espécie de entendimento de nível superior é provavelmente mais fundamental do que apenas a tarefa de desembaraçar a microestrutura das leis físicas deste mundo único.

FÍSICA TEÓRICA & FILOSOFIA DIGITAL

Não obstante, existem alguns indícios intrigantes de que este universo particular pode ser de fato digital e discreto, e não um universo análogo e contínuo, como a maioria das pessoas esperaria.

Na realidade, tais ideias remontam efetivamente a Demócrito, o qual argumentou que a matéria deve ser discreta, e a Zenão, que teve a audácia de sugerir que o espaço e o tempo contínuos seriam impossibilidades autocontraditórias.

No decorrer dos anos percebi muitas vezes, na qualidade de físico de poltrona, lugares em que os cálculos físicos divergem até o infinito em distâncias extremamente pequenas. Os físicos são partidários de que não se faça a pergunta errada, aquela que proporcione uma resposta infinita. Mas eu sou matemático, e a cada vez eu me perguntava se a Natureza não estava realmente tentando dizer algo, isto é, que números reais e continuidade constituem uma impostura, e que distâncias infinitesimalmente pequenas **não existem**!

Dois exemplos: o montante infinito de energia armazenada no campo em torno de um elétron pontual, conforme a teoria de Maxwell do eletromagnetismo, e o conteúdo de energia infinita do vácuo, de acordo com a teoria quântica dos campos.

De fato, consoante a mecânica quântica, medidas infinitamente precisas requerem energias infinitas (infinitamente grandes e custosos bombardeadores de átomos), porém, muito antes que você consiga um colapso gravitacional em um buraco negro, caso você acredite na teoria geral da relatividade.

Para saber mais a respeito de ideias desse tipo, veja a discussão do limite de Bekenstein e do princípio holográfico em Lee Smolin, *Three Roads to Quantum Gravity*.

Embora geralmente, não seja apresentada deste modo, a teoria das cordas foi inventada para eliminar essas divergências, quando as distâncias se tornam arbitrariamente pequenas. A teoria das cordas faz isso eliminando fontes pontuais de campo como o elétron, que, como salientei, causa dificuldades para a teoria do eletromagnetismo de Maxwell. Na teoria das cordas, as partículas elementares mudam de pontos para *loops* (laços) de corda. E a teoria das cordas proporciona uma crucial **escala de distância mínima**, que constitui o comprimento desses *loops* de corda (eles se apresentam numa dimensão extra firmemente enrolada). De modo que você não pode mais fazer com que as distâncias se estendam abaixo daquela escala de comprimento mínimo.

Esta é uma das razões pela qual a teoria das cordas tinha de ser inventada, com o fim de se ficar livre de distâncias arbitrariamente pequenas!

Por último, porém não menos importante, devo partilhar com você a seguinte experiência: Durante muitos anos, sempre que eu dava de cara com o meu estimado e já falecido colega Rolf Landauer nas salas do Centro de Pesquisa Watson da IBM, em Yorktown Heights, ele me garantia, frequentemente com gentileza, que nenhuma quantidade física até hoje havia sido medida com mais do que, digamos, vinte dígitos de precisão. E que os experimentos que atingem este grau de precisão eram obras-primas da arte de laboratório, e a simpática busca de quantidades físicas suficientemente estáveis e exatamente definidas bastava **para que elas se prestassem** a ser medidas com esse grau de precisão, para não mencionar a eliminação de todas as possíveis fontes de ruído perturbadoras! Assim sendo, por que, perguntava Rolf, deve **alguém** acreditar em medidas arbitrariamente precisas ou nos números reais usados para registrar os resultados de tais mensurações?!

Portanto, como você vê, há muitas razões para suspeitar de que nós poderíamos estar vivendo em um universo digital, de que Deus prefere ser capaz de copiar coisas de modo exato quando é obrigado, mais do que obter o inevitável aumento de ruído que acompanha o copiar analógico!

E no próximo capítulo eu gostaria de continuar nas pegadas de Zenão, assim como nas de Rolf, e argumentar que **um número com infinita precisão, um assim chamado número real, é, antes, efetivamente não real!**

QUATRO

O LABIRINTO DO CONTÍNUO

O "labirinto do contínuo" é como Leibniz se referiu aos problemas filosóficos associados aos números reais, que iremos discutir neste capítulo. Portanto, a ênfase aqui será em filosofia e matemática, mais do que em física, como no último capítulo.

O que é um número real? Bem, em geometria, é o comprimento de um segmento de reta, medido exatamente com infinita precisão; por exemplo, 1, 2749591..., fato que não parece muito problemático, ao menos em princípio. Na geometria analítica você precisa de **dois** números reais para localizar um ponto (em duas dimensões): sua distância do eixo x, e sua distância do eixo y. **Um** número real localizará um ponto em uma reta, e o segmento que normalmente iremos considerar será o assim chamado "intervalo unitário", que contém todos os números reais de zero até um. Os matemáticos escrevem esse intervalo sob a forma [0, 1], para indicar que o 0 está incluído, mas não o 1, de modo que todos os números reais correspondentes a estes pontos não têm parte inteira, apenas a fração decimal. Na realidade, o intervalo [0, 1] também vale, na medida em que você grafa o número 1 como 0,99999... em vez de 1,00000... Mas não se preocupe, vamos ignorar todos esses sutis detalhes. O que interessa agora é você apreender a ideia geral, e isto será o bastante para ler este capítulo.

[A propósito, por que chamamos o número de "real"? Para distingui-lo dos assim chamados números "imaginários", como $\sqrt{-1}$. Os números imaginários não são nem mais nem menos imaginários do que os números reais, mas existia, inicialmente, há vários séculos, inclusive no tempo de Leibniz, muita resistência para situá-los em pé de igualdade com os números reais. Em uma carta a Huygens, Leibniz salienta que os cálculos que atravessam temporariamente este mundo imaginário podem, de fato, começar e terminar com os números reais. A utilidade de tal procedimento era – segundo ele – um argumento a favor de tais números. No tempo de Euler, os números imaginários foram extremamente úteis. Por exemplo, o famoso resultado de Euler, pelo qual

$$e^{ix} = \cos x + i \operatorname{sen} x$$

domou totalmente a trigonometria. E a declaração (de Gauss), de que uma equação algébrica de grau n tem exatamente n raízes, funciona somente com a ajuda dos imaginários. Além do mais, a teoria das funções de uma variável complexa (Cauchy) mostra que o cálculo e, em particular, as assim chamadas séries de potências

$$a_0 + a_1 x + a_2 x^2 + a_3 x^3 + \ldots$$

fazem mais sentido com os imaginários do que sem eles. O argumento final em seu favor, se algum argumento fosse realmente necessário, veio a ser proporcionado pela equação

QUATRO
O LABIRINTO DO CONTÍNUO

de Schrödinger, da mecânica quântica, na qual os imaginários são absolutamente essenciais, uma vez que as probabilidades quânticas (as assim chamadas "amplitudes de probabilidades") têm que possuir direção, bem como magnitude.]

Tal como é discutido por Burbage e Chouchan, em *Leibniz et L'infini* (Leibniz e o Infinito), Leibniz referia-se ao que nós chamamos hoje de cálculo infinitesimal como "o cálculo de transcendentais". E ele chamava curvas "transcendentais" as que não pudessem ser obtidas por meio de uma equação algébrica, do mesmo modo como podem, com toda certeza, os círculos, as elipses, as parábolas e as hipérboles da geometria analítica.

Leibniz sentia grande orgulho de sua quadratura do círculo, um problema que iludira os antigos gregos, mas que ele pôde solucionar com métodos *transcendentais*:

$$\pi/4 = 1 - 1/3 + 1/5 - 1/7 + 1/9 - 1/11 + 1/13 + \ldots$$

O que é a quadratura do círculo? O problema consiste em construir geometricamente um quadrado que tenha a área de um dado círculo, ou seja, um modo para determinar a área do círculo. Bem, isto é πr^2, sendo r o raio do círculo, o qual converte o problema na determinação de π, precisamente o que Leibniz realizou de maneira tão elegante com a série infinita apresentada acima.

Leibniz não podia deixar de estar cônscio de que, ao usar esse termo, estava evocando a noção da transcendência de Deus em relação a todas as coisas humanas, às limitações humanas, à finitude humana.

Como acontece muitas vezes, a história jogou fora as ideias filosóficas que inspiraram os criadores e conservou apenas uma seca casca técnica daquilo que eles julgavam haver concebido. O que remanesce da ideia leibniziana dos métodos transcendentais é meramente a distinção entre números algébricos e números transcendentais. Um número real x é algébrico se for a solução de uma equação da forma

$$ax^n + bx^{n-1} + \ldots + px + q = 0$$

em que as constantes $a, b \ldots$ são todas números inteiros. Sob outros aspectos, diz-se que x é transcendental. A história das provas da existência dos números transcendentais é rica em drama intelectual, sendo um dos temas deste capítulo.

De forma similar, foi a obsessão de Cantor com a infinitude e a transcendência de Deus que o levou a criar a sua espetacularmente bem-sucedida, mas extremamente controvertida, teoria dos conjuntos infinitos e dos números infinitos. Aquilo que começou, ao menos na mente de Cantor, como uma espécie de loucura, como uma espécie de teologia matemática cheia – necessariamente cheia – de paradoxos, tais como os descoberto por Bertrand Russell, uma vez que qualquer tentativa de uma mente finita para apreender Deus é inerentemente paradoxal, viu-se agora condensado e desidratado em um campo da matemática demasiado técnico, e não teológico, a moderna teoria axiomática dos conjuntos.

Não obstante, a história intelectual das provas da existência dos números transcendentais é extremamente fascinante. Novas ideias transformaram totalmente o nosso modo de encarar o problema, não uma, porém, de fato, **cinco** vezes! Eis aqui um esboço desses desenvolvimentos:

* Liouville, Hermite e Lindemann, com grande esforço foram os primeiros a exibir número reais individuais, cujo caráter transcendental poderia ser provado. Resumo: **transcendentais individuais.**
* A teoria de Cantor sobre os conjuntos infinitos revelou, depois, que os reais transcendentais têm a mesma cardinalidade que a do conjunto de todos os reais, enquanto os reais algébricos eram simplesmente tão numerosos quanto os inteiros; logo, possuem uma infinidade menor. Resumo: **a maioria dos reais é transcendental.**
* Em seguida Turing salientou que todos os reais algébricos são computáveis, porém, novamente, os reais incomputáveis são tão numerosos quanto o conjunto de todos os reais, embora os reais computáveis sejam somente tão numerosos quanto os inteiros. A existência de transcendentais é um corolário imediato. Resumo: **a maioria dos reais é incomputável e,** *portanto,* **transcendental.**
* O próximo grande salto para frente envolve ideias probabilísticas: o conjunto dos reais aleatórios foi definido e, pelo que se verifica, com probabilidade igual a um; um número real é aleatório e, portanto, necessariamente incomputável e transcendental. Todos os reais algébricos não aleatórios e computáveis possuem probabilidade zero. Portanto, agora você pode conseguir um real transcendental, simplesmente apanhando um número real de modo aleatório com um alfinete de ponta infinitamente fina ou, alternativamente, empregando jogadas

independentes com uma moeda não viciada para obter sua expansão binária. Resumo: **os reais são números transcendentais/incomputáveis/aleatórios com probabilidade um.** E, no próximo capítulo, exibiremos uma construção natural que escolhe um real aleatório individual, isto é, a probabilidade de parada Ω, sem a necessidade de um alfinete de ponta infinitamente fina.

• Finalmente, e talvez de maneira ainda mais devastadora, verifica-se que o conjunto de todos os reais que podem ser individualmente nomeados ou especificados, ou mesmo definidos ou referidos – de modo construtivo ou não – dentro de uma linguagem formal ou dentro de um SAF individual, tem probabilidade zero. Resumo: **os reais são não nomeáveis, com probabilidade um.**

De modo que o conjunto dos números reais, embora geometricamente naturais – por certo, dados imediatamente –, permanece, todavia, completamente ilusório:

Por que eu deveria acreditar em um número real se não posso calculá-lo, se não posso provar o que são os seus *bits*, e se não posso sequer me referir a ele? E, considerando-se ainda que cada uma dessas coisas ocorre com probabilidade um! O segmento de reta real de 0 a 1 se parece cada vez mais com um queijo suíço, cada vez mais com um céu espantosamente formado de altas montanhas pretas, crivadas de alfinetadas de luz.

Vamos agora tratar de explorar essas ideias com mais pormenores.

O "INDIZÍVEL" E A ESCOLA PITAGÓRICA

Essa jornada intelectual tem início efetivamente, como acontece amiúde, nos antigos gregos. Credita-se a Pitágoras a nomeação quer da matemática, quer da filosofia. E os pitagóricos acreditavam que o número – os números inteiros – governa o universo, e que Deus é um matemático, ponto de vista este largamente vindicado pela ciência moderna, especialmente pela mecânica quântica, em que o átomo de hidrogênio é modelado como um instrumento musical, que produz uma escala discreta de notas. Muito embora, como vimos no Capítulo Dois, talvez Deus seja, na realidade, um programador de computação!

Seja como for, estes primeiros esforços para entender o universo sofreram sério revés quando os pitagóricos descobriram os comprimentos geométricos, que não podem ser expressos como a razão de dois números inteiros. Tais comprimentos são denominados de irracionais ou incomensuráveis. Em outras palavras, eles descobriram números reais que não podem ser expressos como uma razão entre dois números inteiros.

Como foi que isso ocorreu?

Os pitagóricos consideraram um quadrado unitário, um quadrado em que cada lado mede uma unidade de comprimento, e descobriram que o tamanho das duas diagonais, $\sqrt{2}$, não é um número racional n/m. Isto quer dizer que ele não pode ser expresso como a razão de dois números inteiros. Em outros termos, não há inteiros n e m tais que

$$\left(\frac{n}{m}\right)^2 = 2 \quad \text{ou} \quad n^2 = 2m^2$$

Uma prova elementar deste fato a partir dos primeiros princípios aparece no bem conhecido livro de Hardy, *A Mathematician's Apology* (Uma Apologia do Matemático). O autor apresenta a prova elementar neste livro porque acredita tratar-se de um argumento matemático cuja beleza qualquer pessoa deveria estar apta a apreciar. Entretanto, a prova que Hardy fornece, que efetivamente provém dos *Elementos* de Euclides, não proporciona tanta percepção quanto uma prova mais avançada que emprega a fatoração única em números primos. Eu **não** provei a fatoração única no Capítulo Um. Não obstante, vou usá-la aqui. Ela é relevante porque os dois lados da equação

$$n^2 = 2m^2$$

nos darão **duas** fatorações **diferentes** do mesmo número. E como?

Bem, fatore n em seus primos e depois fatore m em seus primos. Duplique os expoentes de cada primo obtido nas fatorações de n e m.

$$2^\alpha \ 3^\beta \ 5^\gamma \ \ldots \ \rightarrow \ 2^{2\alpha} \ 3^{2\beta} \ 5^{2\gamma} \ \ldots,$$

Obtemos a fatoração de n^2 e m^2. Isto nos proporciona uma fatoração de n^2 na qual o expoente de 2 é par, e uma fatoração de $2m^2$ na qual o expoente de 2 é ímpar. Assim, temos duas fatorações diferentes do mesmo número em números primos, o que é impossível.

De acordo com Dantzig, em *Number, The Language of Science*, a descoberta dos números irracionais ou incomensuráveis como $\sqrt{2}$

> causou grande consternação nas fileiras pitagóricas. O próprio nome dado a essas entidades testemunha o fato. *Algon*, o *indizível*, foi assim

QUATRO
O LABIRINTO DO CONTÍNUO

que os pitagóricos denominaram estes incomensuráveis... Como pode um número dominar o universo quando deixa de dar conta até do aspecto mais imediato do universo, ou seja, a *geometria*? Assim terminou a primeira tentativa de esgotar a natureza pelo número.

Essa história intelectual também deixou seus traços na língua inglesa: Em inglês, tais irracionais são referidos como *surds*, em português, "surdos", que vem do francês *sourd-muet*, significando surdo-mundo, alguém que não pode ouvir nem falar. Assim, a palavra inglesa *surd* provém do francês para "surdo-mudo", e *algon* = mudo. Em espanhol é *sordomudo*.

Neste capítulo retraçaremos essa história e veremos que os números reais não só confundiram a filosofia de Pitágoras, mas também a crença de Hilbert na noção de um sistema axiomático formal (SAF), armando-nos com muitas razões adicionais para duvidar de sua existência e para permanecermos inteiramente céticos. Falando com franqueza, o nosso propósito aqui é rever e discutir os argumentos matemáticos **contra os números reais**.

OS ANOS DE 1800: OS TRANSCENDENTAIS INDIVIDUAIS (LIOUVILLE, HERMITE, LINDEMANN)

Embora Leibniz tivesse ficado extremamente orgulhoso com o fato de ter sido capaz de resolver o problema da quadratura do círculo usando métodos transcendentais, os anos de 1800 quiseram estar **seguros** de que eles eram realmente requeridos. Em outras palavras, exigiam provas de que π e outros números individuais, definidos via soma de séries infinitas, **não eram** a solução de qualquer equação algébrica.

Achar um exemplo específico natural de um real transcendental resultou ser muito mais difícil do que era esperado. Foi preciso uma boa dose de ingenuidade e de inteligência para exibir comprovadamente números transcendentais!

O primeiro desses números foi descoberto por Liouville:

$$\text{Número de Liouville} = 1/10^{1!} + 1/10^{2!} + \ldots + 1/10^{n!} + \ldots$$

Este matemático mostrou que números algébricos não permitem uma boa aproximação por meio de números racionais. Em outros termos, ele demonstrou que seu número não pode ser algébrico, porque existem aproximações com números racionais que funcionam muito bem, ou seja: elas chegam bem perto e muito depressa. Mas o número de Liouville não é um exemplo natural, pois ninguém antes dele esteve interessado particularmente no dito número. Este foi construído precisamente para que sua transcendência pudesse ser comprovada por seu criador. E o que dizer a respeito do número π e do número e de Euler?

O número de Euler

$$e = 1 + 1/1! + 1/2! + 1/3! + \ldots + 1/n! + \ldots$$

foi, enfim, provado por Hermite ser um número transcendental. Aqui, pelo menos, tratava-se de um exemplo natural! Este era um número relevante com o qual as pessoas realmente se importavam!

QUATRO
O LABIRINTO DO CONTÍNUO

Mas, o que dizer acerca do número cuja conquista deixou Leibniz tão orgulhoso? Ele conseguiu efetuar a quadratura do círculo por métodos transcendentais:

$$\pi/4 = 1/1 - 1/3 + 1/5 - 1/7 + 1/9 - 1/11 + \ldots$$

Poderia você provar, porém, que os métodos transcendentais são realmente necessários? Esta questão atraiu uma grande soma de atenção após o resultado obtido por Hermite, visto que π parecia ser o próximo candidato óbvio a uma prova de transcendência. Este feito foi finalmente realizado por Lindemann, provocando a famosa observação de Kronecker segundo a qual "Para que serve sua bela prova, se π **não existe**!" Kronecker era um seguidor de Pitágoras e sua afirmação mais conhecida é: "Deus criou os inteiros; todo o restante é obra do homem!"

Tais foram os primeiros passos dados numa longa estrada para o entendimento da transcendência; mas eram provas difíceis e complicadas, especialmente ajustadas para cada um desses números específicos, e não proporcionavam nenhuma percepção geral daquilo que estava acontecendo.

CANTOR: O NÚMERO DE TRANSCENDENTAIS TEM UMA ORDEM DE INFINITO (CARDINALIDADE) MAIOR DO QUE A DOS NÚMEROS REAIS ALGÉBRICOS

Como eu disse, o número real é um número que pode ser determinado com precisão arbitrária, tal como $\pi = 3,1415926\ldots$ Não obstante, no fim dos anos de 1800, dois matemáticos, Cantor e Dedekind, foram levados a formular definições muito mais cuidadosas de um número real. Dedekind o fez via "secções", tendo em mente um real irracional r como meio de partição de todos os números racionais n/m, nos menores do que r e nos maiores do que r. No caso de Cantor, um número real foi definido como uma sequência infinita de números racionais n/m que se aproxima de r, cada vez mais[1].

A história não se portou mais bondosamente com o trabalho deles do que com qualquer outra tentativa de uma "solução final".

Mas, primeiro, permita-me que eu lhe fale sobre a teoria dos conjuntos infinitos de Cantor e sua invenção de novos números infinitos com o propósito de mensurar os tamanhos de todos os conjuntos infinitos. Uma teoria muito audaz, de fato!

O ponto de partida de Cantor é a sua ideia de comparar dois conjuntos, finitos ou infinitos, perguntando se há ou não uma correspondência um a um, um emparelhamento entre os elementos dos dois conjuntos que esgote ambos os conjuntos e não deixe nenhum elemento dos dois conjuntos sem emparelhamento, e nenhum elemento de um dos conjuntos emparelhado com mais de um parceiro do outro conjunto. Se isto puder ser feito, declara Cantor, então os dois conjuntos serão igualmente grandes.

Na realidade, Galileu havia mencionado essa ideia em um de seus diálogos, aquele que foi publicado no fim de sua vida, quando se encontrava em prisão domiciliar. Galileu salienta que há precisamente tantos inteiros positivos 1, 2, 3, 4, 5, ... quanto são os números

[1] Versões mais antigas do trabalho de Dedekind e de Cantor sobre os números reais são devidas a Eudóxio e a Cauchy, respectivamente. A história repete-se, mesmo na matemática.

QUATRO
O LABIRINTO DO CONTÍNUO

existentes elevados ao quadrado, 1, 4, 9, 16, 25, ... Até esse ponto, a história decidiu que Galileu tinha acertado o alvo.

Entretanto, ele declarou depois que o fato de os quadrados constituírem apenas uma minúscula fração de todos os inteiros positivos contradiz sua observação prévia segundo a qual eles são igualmente numerosos, e que este paradoxo não permite dar qualquer sentido à noção de tamanho de um conjunto infinito.

O paradoxo, que surge do fato de o todo ser equivalente a uma de suas partes, pode ter detido Galileu, mas Cantor e Dedekind enfrentaram-no sem dificuldades. O paradoxo não os deteve em absoluto. De fato, Dedekind até o colocou a seu serviço, utilizando-o. Dedekind **definiu** um conjunto infinito como sendo um conjunto dotado da propriedade de que um seu subconjunto próprio é apenas tão numeroso quanto ele o é! Em outras palavras, de acordo com Dedekind, um conjunto é infinito se, e somente se, ele puder ser posto em correspondência um a um com uma parte de si próprio, aquela que exclui alguns dos elementos do conjunto original!

Entrementes, o amigo de Dedekind, Cantor, estava começando a aplicar este novo modo de comparar o tamanho de dois conjuntos infinitos a objetos matemáticos comuns e quotidianos: números inteiros, racionais, algébricos, reais, pontos numa reta, pontos num plano etc.

A maioria dos bem conhecidos objetos matemáticos pode repartir-se em duas classes: 1. conjuntos como os números reais algébricos e os racionais, que eram exatamente tão numerosos quanto os inteiros positivos, e são, portanto, chamados de infinidades "contáveis" ou "enumeráveis"; e 2. conjuntos como os pontos numa reta finita ou infinita ou em um plano ou no espaço, que resultam ser todos exatamente tão numerosos quanto cada um deles, e dos quais se diz que eles "têm a potência do contínuo". E isto dá origem a dois novos números infinitos, $\aleph_0$ (Alef-zero) e *c*, ambos inventados por Cantor, que são, respectivamente, o tamanho (ou como Cantor os denominava, a "potência" ou a "cardinalidade") do conjunto de números inteiros positivos e do contínuo de números reais.

Comparando Infinitos!

\# {reais} = \# {pontos na reta} = \# {pontos no plano} = *c*

\# {inteiros positivos} = \# {números racionais}
= \# {números reais algébricos} = $\aleph_0$

No tocante à sua prova de que havia precisamente tantos pontos em um plano quanto há em um sólido ou em uma reta, Cantor observou, numa carta a Dedekind, *Je le vois, mais je ne le crois pas!*, o que significa "Eu o vejo, mas não acredito nisso", uma frase que tem agradável sonoridade em francês.

E então Cantor pôde provar o básico e extremamente importante teorema segundo o qual *c* é maior do que $\aleph_0$, ou seja, que o contínuo é uma infinidade não enumerável, uma infinidade não contável, ou, em outras palavras, que existem mais números reais do que inteiros positivos, infinitamente mais. Isto ele o fez utilizando o bem conhecido método diagonal de Cantor, explicado no livro de Wallace, *Everything and More...* que é todo dedicado a Cantor e à sua teoria.

QUATRO
O LABIRINTO DO CONTÍNUO

De fato, verifica-se que a infinidade de reais transcendentais é exatamente tão numerosa quanto a infinidade de todos os reais, e a infinidade menor dos reais algébricos é, por sua vez, exatamente tão grande quanto a infinidade dos inteiros positivos. Segue imediatamente o seguinte corolário: os reais, na sua maioria, são transcendentais, não algébricos, infinitamente mais numerosos, portanto.

Bem, isto é como furtar uma bala de uma criança! Dá muito menos trabalho do que lutar com números reais individuais e tentar provar que eles são transcendentais! Cantor nos oferece uma perspectiva muito mais geral para encarar este problema particular. E é muito mais fácil ver que os reais, na sua **maioria**, são transcendentais, do que decidir se um número real **particular** é, por acaso, transcendental!

Assim, esta é a primeira das provas que eu chamaria de "filosófica", pelas quais os transcendentais existem. Filosófica por oposição ao altamente técnico, como voar em helicóptero para o topo do Monte Eiger, em vez de alcançar o cume escalando sua infame face norte coberta de neve.

Será isto realmente tão fácil? Sim, mas esta abordagem, ao modo de teoria dos conjuntos, criou tantos problemas quantos resolveu. O mais famoso deles é denominado de problema do contínuo de Cantor.

O que é o problema do contínuo de Cantor?

Bem, trata-se da questão de saber se existe ou não qualquer conjunto que possua mais elementos do que o número de todos os inteiros positivos, e que possua menos elementos do que o número de todos os números reais. Em outras palavras, há um conjunto infinito cuja cardinalidade ou potência é maior do que $\aleph_0$

e menor do que c? Em outros termos, seria c o próximo número infinito após o $\aleph_0$, que recebe o nome de $\aleph_1$ (alef-um), reservado a ele na teoria de Cantor, ou haveria uma porção de outros números alef no meio?

> **O Problema do Contínuo de Cantor**
>
> Há um conjunto S tal que $\aleph_0 < \#S < c$?
>
> Em outras palavras, é $c = \aleph_1$, que é o primeiro número cardinal que segue $\aleph_0$?

Um século de trabalho não bastou para solucionar esse problema!

Um marco importante foi a prova decorrente dos esforços combinados de Gödel e de Paul Cohen, na qual os axiomas usuais da teoria axiomática dos conjuntos (em oposição à "ingênua" e paradoxal teoria original dos conjuntos de Cantor) não são suficientes para decidir por um caminho ou outro. Você pode adicionar um novo axioma, asseverando que há um conjunto com potência intermediária, ou que não existe tal conjunto, e o sistema de axiomas resultante não levará a uma contradição (a não ser que já exista uma ali, sem que sequer se tenha empregado este novo axioma, o que todo mundo ardentemente espera que não seja o caso).

Desde então houve uma grande soma de trabalho para verificar se poderiam existir novos axiomas em relação aos quais os teóricos da teoria dos conjuntos pudessem concordar, de que tais axiomas os habilitariam a decidir o problema do contínuo de

Cantor. E, de fato, algo denominado axioma da determinância projetiva tornou-se bastante popular entre teóricos da teoria dos conjuntos, visto que lhes permitiu resolver muitos problemas abertos que interessavam a eles. Entretanto, o referido axioma não foi suficiente para solucionar o contínuo!

Como você vê, o contínuo recusa-se a ser domado!

E você verá agora como os números reais, aborrecidos por terem sido "definidos" por Cantor e Dedekind, tiraram sua desforra no século seguinte ao de Cantor, no século XX.

O ESPANTOSO NÚMERO REAL SABE-TUDO DE BOREL

A primeira sugestão de que poderia haver algo de errado, algo de terrivelmente errado, com a noção de número real proveio de um pequeno artigo publicado por Émile Borel, em 1927.

Borel indicou que, se você acredita de fato na noção de número real como uma sequência infinita de dígitos, 3,1415926 ..., então você poderia colocar todo o conhecimento humano em um único número real. Bem, isto não é tão difícil de fazer, trata-se apenas de um montante finito de informações. Você pega a sua enciclopédia favorita, por exemplo, a *Encyclopaedia Britannica*, que eu costumava usar quando estava no curso médio – havia uma bela biblioteca na Bronx High School of Science – e a digitaliza; você a converte em um binário e você usa este binário como uma expansão de base dois de um número real no intervalo unitário entre zero e um!

Assim, isso é bem direto, especialmente agora que a maior parte da informação, inclusive livros, está preparada numa forma digital antes de ser impressa.

Porém, o mais espantoso é que não há nada que nos impeça de colocar um montante infinito de informação em um número real. De fato, há um único número real, e eu o chamo de número de Borel, visto que ele o imaginou em 1927, e este número pode servir como um oráculo, respondendo a qualquer pergunta do tipo sim/não que eventualmente se poderia lhe propor. Como? Bem, você apenas enumera todas as possíveis perguntas, e então o N-ésimo dígito ou o N-ésimo *bit* do número de Borel lhe dirá se a resposta é sim ou não!

Se você pudesse apresentar uma lista de todas as possíveis perguntas do tipo sim/não e somente questões válidas sim/não, então o número de Borel poderia nos proporcionar a resposta em seus dígitos binários. Porém, isso é difícil de ser feito. É bem mais fácil listar simplesmente todos os possíveis textos em sua língua nativa (e Borel o fez usando a língua francesa), todas as possíveis sequências finitas de caracteres que você pode formar empregando o alfabeto, incluindo um espaço em branco para usá-lo entre as palavras. Você começa com todas as sequências de um caractere, depois com todas as de dois caracteres etc. E você enumera todas desse jeito...

Então você pode usar o N-ésimo dígito do número de Borel para saber se a N-ésima sequência de caracteres é um texto válido no seu idioma, depois poderá averiguar se é uma questão do tipo sim/não, logo em seguida saberá se ela tem uma resposta, e então se a resposta é sim ou não. Por exemplo, "a resposta a esta questão é 'Não'?" parece uma questão válida do tipo sim/não, porém, na realidade, ela não tem resposta.

QUATRO
O LABIRINTO DO CONTÍNUO

Destarte, podemos utilizar o N-ésimo dígito 0 para significar mau idioma, o dígito 1 para significar que não se trata de uma questão do tipo sim/não, o dígito 2 para significar que é irrespondível, e os dígitos 3 e 4 para significar que "sim" e "não" são respectivamente as respostas. Então 0 será o dígito mais comum, depois o 1, depois haverá aproximadamente tantos 3's quantos são os 4's e, espero, alguns 2's.

Agora, Borel levanta a questão extremamente perturbadora: "Por que deveríamos acreditar neste número real que responde a toda possível questão do tipo sim/não?" E a sua resposta é que ele não vê nenhuma razão para acreditar nisto, nenhuma, em absoluto! De acordo com Borel, esse número é meramente uma fantasia matemática, uma piada, uma *reductio ad absurdum* do conceito de número real!

Como você vê, alguns matemáticos apresentam a chamada atitude "construtiva". Isto significa que acreditam apenas em objetos matemáticos que podem ser construídos, podendo, com bastante tempo, em teoria, efetivamente serem calculados por nós. Eles julgam que devia haver alguma via para **calcular** um número real, para calculá-lo dígito por dígito; do contrário, em qual nexo se pode dizer que ele tenha algum tipo de existência matemática?

E esta é precisamente a questão discutida por Alan Turing em seu famoso artigo de 1936, que inventou o computador como um conceito matemático. Ele mostrou haver montes e montes de números reais computáveis. Esta é a parte positiva de seu artigo. A parte negativa é ele ter mostrado também a existência de montes e montes de números reais não computáveis. E isto nos fornece outra prova filosófica de que há números transcendentais, porquanto se verifica, no fim de contas, que todos os reais algébricos são, na realidade, computáveis.

TURING: OS REAIS INCOMPUTÁVEIS SÃO TRANSCENDENTAIS

O argumento de Turing é muito simples e tem um sabor cantoriano. Primeiro, ele inventou um computador (no papel, como uma ideia matemática, um computador-modelo). Depois ele salientou que o conjunto de todos os possíveis programas de computador é um conjunto contável, assim como o conjunto de todos os possíveis textos em língua inglesa. Portanto, o conjunto de todos os possíveis números reais computáveis deve ser também contável. Mas, o conjunto de todos os reais não contável, tem a potência do contínuo. Por conseguinte, o conjunto de todos os reais incomputáveis é também não contável e tem a potência do contínuo. Logo, a maioria dos reais é não computável, sendo estes infinitamente mais numerosos do que aqueles que são computáveis.

Isto é extraordinariamente simples, se você crê na ideia de um computador digital para finalidade geral. Pois bem, todos nós estamos hoje muito familiarizados com esta ideia. O artigo de Turing é longo precisamente porque não era este o caso em 1936. Assim sendo, ele teve de elaborar um computador simples no papel e argumentar que este poderia computar qualquer coisa jamais computada antes de apresentar o argumento acima, segundo o qual a maioria dos números reais será não computável, no sentido de que não pode existir um programa para computá-los, dígito por dígito, eternamente.

A outra coisa difícil é elaborar isso em detalhe, exatamente porque os reais algébricos podem ser computados dígito por dígito. Bem, é algo intuitivamente óbvio que este deve ser o caso; no fim de contas, o que poderia possivelmente dar errado?! De fato, esta é agora uma tecnologia bem conhecida que faz uso de uma coisa chamada sequências de Sturm*, que é o modo mais engenhoso de fazer isso; estou certo de que essa tecnologia vem embutida na *Mathematica* e no *Maple*, dois simbólicos pacotes de *software* de computação. Assim, você pode usar esses dois pacotes para calcular tantos dígitos quantos você queira. E você precisa estar apto a calcular centenas de dígitos a fim de pesquisar o modo descrito por Jonathan Borwein e David Bailey no livro *Mathematics by Experiment* (Matemática por Experimentos).

Mas, no seu artigo de 1936, Turing menciona um meio de calcular reais algébricos que funcionará para uma porção deles e, uma vez que esta seja uma boa ideia, pensei em falar para você a respeito disso. Trata-se de uma técnica para resolver raízes por sucessivas divisões de intervalos em partes iguais.

Escrevamos a equação algébrica que determina um real algébrico individual r no qual estamos interessados como $\Phi(x) = 0$, sendo $\Phi(x)$ um polinomial em x. Assim, $\Phi(r) = 0$, e vamos supor que conhecemos dois números racionais α, β tais que $\alpha < r < \beta$ e $\Phi(\alpha) < \Phi(r) < \Phi(\beta)$, e também sabemos que não há nenhuma outra raiz da equação $\Phi(x) = 0$ neste intervalo. Assim, os sinais de $\Phi(\alpha)$ e $\Phi(\beta)$ devem ser

* Matemático francês (1803-1855), descobriu um algoritmo que determina, de modo simples, a quantidade de zeros reais de um polinômio em um dado intervalo real (N. da T.).

diferentes, nenhum deles é igual a zero, sendo precisamente um deles maior do que zero e um deles menor do que zero; esta é a chave do problema. Pois se Φ mudar de positivo para negativo, ele deverá passar pelo zero em algum lugar, no entremeio.

Então você apenas bissecta esse intervalo [α, β]. Você olha para o ponto médio (α + β)/2, que é também um número racional, e você pluga isto em Φ e verá se Φ ((α + β)/2) é igual a zero, menor do que zero, ou maior do que zero. É fácil verificar isto, uma vez que você está lidando somente com números racionais, não com números reais, que possuem um infinito número de dígitos.

Então, se o valor de Φ no ponto médio der zero, determinaremos r e chegaremos ao fim. Se não, escolheremos a metade esquerda ou a metade direita do nosso intervalo original, de tal modo que o sinal de Φ em ambas as extremidades seja diferente; este novo intervalo substituirá o nosso intervalo original, o r deverá estar lá, e nós prosseguiremos desse modo para sempre. Assim, obtemos cada vez melhores aproximações do número algébrico r, como queríamos demonstrar ser possível, porquanto, em cada estágio, o intervalo que contém r possui metade do tamanho do intervalo anterior.

E isto funcionará se r for o que chamamos de raiz "simples" de sua equação definidora Φ (r) = 0, porque, neste caso, a curva de Φ (x) há de cruzar o zero em $x = r$. Mas se r for o que se chama de raiz "múltipla", então a curva pode roçar o zero, mas não cruzá-lo, e a abordagem realizada através da sequência de Sturm é o modo mais engenhoso de se proceder.

Agora recuemos e vamos dar uma olhada na prova de Turing, segundo a qual existem reais transcendentais. De um lado, ela é filosoficamente similar à prova de Cantor; de outro, ela dá certo trabalho para verificar em pormenor que todos os reais algébricos são computáveis, embora me pareça óbvio, em certo sentido, que seria árduo demais, para mim, justificar/explanar isso.

De qualquer modo, eu gostaria de dar outro passo maior, e mostrar-lhe a existência de reais não computáveis de uma forma muito diferente da de Turing e muito mais conforme com o espírito de Cantor. Ao invés disso, me agradaria usar ideias probabilísticas, ideias provenientes da chamada teoria da medida, desenvolvida por Lebesgue, Borel e Hausdorff, entre outros, a qual mostra imediatamente a existência de reais não computáveis de um modo totalmente não-cantoriano.

OS REAIS SÃO INCOMPUTÁVEIS COM PROBABILIDADE UM!

Tive esta ideia ao ler Courant e Robbins, *What is Mathematics?* (O Que é Matemática?), obra em que os autores demonstram, por uma prova da teoria da medida, que os reais são não numeráveis (mais numerosos do que os inteiros).

Olhemos para todos os reais no intervalo unitário entre zero e um. O comprimento total deste intervalo é, por certo, exatamente um. Mas, verifica-se que todos os reais computáveis, nele existentes, podem ser cobertos com intervalos que possuem um comprimento total exatamente igual a ε, sendo possível tornar ε tão pequeno quanto se queira. E como podemos fazê-lo?

Bem, lembre-se de que Turing indicou que todos os programas possíveis de computador podem ser dispostos numa lista e numerados um a um, de modo que haja um primeiro programa, um segundo programa e assim por diante... Alguns desses programas não computam reais computáveis dígito por dígito; vamos esquecê-los, por um momento, e focalizar os outros. Portanto, há um primeiro real computável, um segundo real computável etc. E você tem apenas de pegar o primeiro real computável e cobri-lo com um intervalo de tamanho igual a $\varepsilon/2$, e depois pegar o segundo real computável e cobri-lo com um intervalo de comprimento igual a $\varepsilon/4$, e você continua seguindo por esse caminho, dividindo pela metade o tamanho do último intervalo, a cada tempo. Assim, o tamanho total de todos os intervalos de cobertura acaba ficando exatamente:

$$\frac{\varepsilon}{2} + \frac{\varepsilon}{4} + \frac{\varepsilon}{8} + \frac{\varepsilon}{16} + \frac{\varepsilon}{32} + \ldots = \varepsilon$$

que pode tornar-se tão pequeno quanto se queira.

E não importa se alguns desses intervalos de cobertura caem fora do intervalo unitário; isto não muda nada.

Assim, todos os reais computáveis podem ser cobertos desse modo, usando-se uma parte arbitrariamente pequena ε do intervalo unitário, cujo comprimento é exatamente igual a um.

Portanto, se você fechar os olhos e fisgar aleatoriamente um número real do intervalo unitário, de tal forma que cada um deles seja igualmente provável, a probabilidade de você conseguir um real computável é zero. E este é também o caso de se conseguir os dígitos binários sucessivos do seu número real usando jogadas independentes de uma moeda não viciada. É possível você obter um número real computável, mas isso é infinitamente improvável. Assim, com probabilidade *um* você consegue um real incomputável, que também pode vir a ser um número transcendental. O que você acha disso?!

Liouville, Hermite e Lindemann trabalharam tão arduamente para apresentar transcendentais individuais, e agora podemos fazê-lo, quase com certeza, justamente fisgando um número real dentro de um chapéu! Isso é progresso para você!

Assim, vamos supor que você faça isso e obtenha um real específico incomputável que vou chamar de R^*. E se você tentar apresentar alguns de seus *bits* ao escrever R^* na forma binária de base 2?

Bem, estamos diante de um problema e vamos tentar resolvê-lo...

UM SISTEMA AXIOMÁTICO FORMAL (SAF) NÃO PODE DETERMINAR OS INFINITAMENTE NUMEROSOS BITS DE UM NÚMERO REAL INCOMPUTÁVEL

O problema é o seguinte: se estivermos usando o SAF de Hilbert/Turing/Post, como vimos no Capítulo Um, deveria haver um algoritmo para enumerar de forma computável todos os teoremas, o que nos permitiria apresentar o que são todos os *bits*, e depois ir adiante e calcular R^*, *bit* por *bit*, o que é impossível. Para fazê-lo, você teria de percorrer todos os teoremas, um a um, até achar o valor de algum *bit* particular de R^*.

De fato, o SAF está condenado a falhar um número infinito de vezes para determinar um *bit* de R^*; do contrário poderíamos manter ao nosso lado uma pequena tabela (finita) que nos indicaria em quais *bits* o SAF falhou, e quais eram seus valores e, de novo, estaríamos aptos a computar R^*, combinando a tabela com o SAF, o que é impossível.

Logo, o nosso estudo dos transcendentais conta com um novo ingrediente, que é o fato de estarmos usando métodos probabilísticos. Foi assim que obtive um real específico incomputável R^*, não como Turing originalmente conseguiu fazê-lo utilizando o método diagonal de Cantor.

E agora, vamos começar a empregar realmente métodos probabilísticos. Comecemos falando acerca de números reais aleatórios irredutíveis, algoritmicamente incompressíveis. O que quero dizer com isso?

NÚMEROS REAIS ALEATÓRIOS SÃO INCOMPUTÁVEIS E TÊM PROBABILIDADE UM

Bem, um real aleatório é um número real com a propriedade de que seus *bits* são, tanto quanto possível, informação incompressível e irredutível. Tecnicamente, o meio pelo qual você garante isto é o de exigir que o menor programa binário autodelimitante, que calcula os primeiros N *bits* da expansão binária de R, seja sempre maior do que $N - c$ *bits* de comprimento, para todo N, em que c é uma constante que depende de R, mas não de N.

> **O Que é um Número Real R "Aleatório"?**
>
> Há uma constante c tal que
> H (os primeiros N bits de R) > $N - c$ para todo N.
>
> A complexidade medida pelo tamanho
> do programa dos primeiros N bits de R
> nunca pode cair muito longe, abaixo de N.

Mas eu não quero entrar nos pormenores. A ideia geral é você apenas exigir que a complexidade tamanho de programa, definida por nós no Capítulo Dois como os primeiros N bits de R, tenha um comprimento tão grande quanto possível, tão longo que a maior parte dos reais possa satisfazer o limite inferior estabelecido por você para esta complexidade. Quer dizer, você exige que a complexidade seja tão alta quanto possível, contanto que os reais que possam satisfazer tal exigência continuem a ter probabilidade um; em outras palavras, contanto que a probabilidade de um real seja zero, se ele deixar de ter complexidade tão alta.

Como se verifica, trata-se de uma simples aplicação das ideias discutidas no Capítulo Dois.

Assim, por certo, esse real aleatório incompressível não há de ser computável, pois os reais computáveis possuem apenas um montante finito de informação. Mas, e se tentássemos usar um SAF particular para determinar *bits* particulares de um número real aleatório particular R^*? Então, o que sucederia?

UM SAF PODE DETERMINAR APENAS FINITAMENTE MUITOS BITS DE UM REAL ALEATÓRIO!

Bem, no fim as coisas ficaram piores, muito piores do que eram antes. Agora só podemos determinar, de modo finito, muitos *bits* daquele número real aleatório R^*.

Por quê?

De fato, porque se pudéssemos determinar os infinitamente numerosos *bits*, então eles não estariam realmente lá, na expansão binária de R^*; nós os conseguiríamos de graça, como você pode observar, ao gerar todos os teoremas no SAF. Você está vendo, pois, quantos *bits* há no programa para gerar todos os teoremas; você está vendo também quão complexo é o SAF. Então, você usa o SAF para determinar aquele número de *bits* de R^*, e alguns mais (apenas um pouco mais do que o c na definição do real aleatório R^*). A seguir, você preenche os buracos até o último *bit* obtido usando o SAF. (Isso pode, efetivamente, ser feito de um modo autodelimitante, pois já sabemos exatamente de quantos *bits* necessitamos; sabemos isso de antemão). Assim sendo, isto lhe fornece um bocado de *bits* a partir do início da expansão binária de R^*; mas o programa para fazê-lo, que eu descrevi, é um pouquinho pequeno demais, ou seja, seu tamanho é substancialmente menor do que o número de *bits* de R^* que ele nos proporciona, fato que contradiz a definição de um real aleatório.

Portanto, reais aleatórios constituem má notícia do ponto de vista do que pode ser provado. A maioria de seus *bits* é incognoscível; um dado SAF pode somente determinar tantos *bits* de um real aleatório quanto o número de *bits* necessários para gerar o conjunto de todos os seus teoremas. Em outros termos, os *bits* de um real aleatório, isto é, qualquer conjunto finito deles, não pode ser comprimido em um SAF que possua um número menor de *bits*.

Deste modo, empregando reais aleatórios, obtemos o resultado de uma incompletude muito pior do que pelo simples uso de reais incomputáveis. Você obtém, no máximo, um número finito de *bits* usando qualquer SAF. De fato, em essência, o único meio de provar qual o *bit* de um real aleatório particular está utilizando um SAF é se você introduzir esta informação diretamente nos axiomas!

Os *bits* de um real aleatório são maximamente incognoscíveis!

Assim sendo, haverá alguma razão para se acreditar em semelhante real aleatório? Bem, quanto mais eu necessitar escolher um real aleatório específico, o resultado da incompletude, pelo contrário, será menos interessante. É como dizer, tire um R^* do chapéu e então qualquer SAF particular pode provar no máximo o que são um número finito de *bits*. Mas não há nenhum modo de se referir sequer àquele número específico real R^* dentro do SAF: ele não tem um nome!

Bem, nós resolveremos esse problema no próximo capítulo, ao escolher um real aleatório, a probabilidade de parada Ω.

Entrementes, compreendemos que nomear números reais individuais pode constituir um problema. De fato, a maioria deles **não pode mesmo ser nomeada**.

OS REAIS SÃO NÃO NOMEÁVEIS COM PROBABILIDADE UM!

A prova é exatamente semelhante àquela segundo a qual os reais computáveis têm probabilidade zero. O conjunto de todos os nomes para os números reais, se você fixar sua linguagem formal ou o Sistema Axiomático Formal, será exatamente uma infinidade contável de nomes: porque há um primeiro nome, um segundo nome etc.

Destarte, você pode cobri-los usando intervalos que vão ficando menores, cada vez menores, e o tamanho total de todos os intervalos que fazem a cobertura vai ficando exatamente como antes

$$\frac{\varepsilon}{2} + \frac{\varepsilon}{4} + \frac{\varepsilon}{8} + \frac{\varepsilon}{16} + \frac{\varepsilon}{32} + \ldots = \varepsilon$$

que, como vimos anteriormente, você pode tornar tão pequeno quanto queira.

Assim, com probabilidade um, um número real específico, escolhido aleatoriamente, não pode sequer ser denominado de maneira única, não é possível especificá-lo de modo algum, construtivamente ou não, não podemos defini-lo, ou até nos referirmos a ele!

Portanto, por que devemos acreditar que semelhante real não nomeável exista?!

Eu afirmo que isto torna a incompletude óbvia: um SAF não pode mesmo nomear todos os reais!

A prova é instantânea! Nós a efetuamos em três pequenos parágrafos! Por certo, trata-se de uma espécie algo diferente daquela incompletude apresentada originalmente por Gödel.

QUATRO
O LABIRINTO DO CONTÍNUO

As pessoas ficaram muito impressionadas com a dificuldade técnica da prova de Gödel. Devia ser tão difícil por envolver o trabalho de construir uma asserção sobre números inteiros que não pode ser provada no âmbito de um sistema axiomático formal particular, popular (intitulado aritmética de Peano). Mas, se você trocar números inteiros por números reais, e se você falar sobre o que se pode nomear em vez de falar sobre aquilo que se pode provar, então a incompletude será, como acabamos de ver, imediata!

Assim, por que escalar a face norte do Eiger, quando você pode pegar um helicóptero, fazer um piquenique no cume desta montanha e lanchar em pleno sol do meio-dia? Sem dúvida, existem, na realidade, muitas razões para escalar aquela face norte. Recentemente, senti-me orgulhoso de trocar um aperto de mão com alguém que tentou a proeza várias vezes.

Mas, em minha opinião, essa é a melhor prova da incompletude! Como Pólya afirmou em *How to Solve It*, depois de resolver um problema, se você for um futuro matemático, isto será apenas o início. Você deverá olhar para trás, refletir sobre o que fez, como o fez e quais eram as alternativas. Que outras possibilidades haveria ali? Quão geral foi o método que você usou? Qual foi a ideia chave? Para o que mais ela serve? Você pode fazer isso sem qualquer cálculo, ou vê-la num relance?

Desse modo – o modo como justamente o fizemos aqui – você certamente pode ver a incompletude em um relance!

O único problema é que a maioria das pessoas não vai ficar demasiado impressionada com esse tipo particular de incompletude, porque ele parece muito malditamente filosófico. Gödel realizou sua demonstração de uma maneira bem mais pé no chão, falando acerca de inteiros positivos, em vez de explorar aspectos problemáticos dos reais. E, a despeito do que os matemáticos possam alardear, eles sempre tiveram uma atitude um tanto enjoada a respeito dos reais, e apenas com os números inteiros é que eles se sentem real e absolutamente confiantes.

No próximo capítulo, irei solucionar a questão, pelo menos para Ω. Vou pegar meu número real paradoxal, Ω, e irei vesti-lo de modo que pareça ser um problema diofantino, que aborde precisamente números inteiros. Isso mostra que, mesmo se Ω for um número real, você deve levá-lo a sério!

SUMÁRIO DO CAPÍTULO

Em suma: Por que deveria eu acreditar em um número real se não posso calculá-lo, se não posso provar o que são os seus *bits*, e se não posso sequer referir-me a ele? E cada uma dessas coisas acontece com probabilidade um!

Contra os Números Reais!

Prob {reais algébricos} = **Prob** {reais computáveis} = **Prob** {reais nomeáveis} = 0

Prob {reais transcendentais} = **Prob** {reais não computáveis} = **Prob** {reais aleatórios} = **Prob** {reais não nomeáveis} = 1

QUATRO
O LABIRINTO DO CONTÍNUO

Iniciamos este capítulo com a $\sqrt{2}$, que os antigos gregos consideravam "impronunciável", e o concluímos mostrando que, com probabilidade igual a um, não há meio, por menos construtivamente que seja, de nomear, especificar, definir números reais individuais, ou de referir-se a eles. Fechemos o círculo do impronunciável ao não nomeável! Não há escapatória. Essas questões não sairão de cena!

No capítulo anterior vimos **argumentos físicos** contra os números reais. Neste, estamos vendo que os reais são também problemáticos do ponto de vista **matemático**, mormente porque contêm um montante **infinito** de informação, e uma infinidade é algo que se pode imaginar, mas raramente é tangível. Assim, considero que esses dois capítulos validam a abordagem da informação digital discreta da Teoria da Informação Algorítmica, TIA, a qual não se aplica confortavelmente em um mundo físico ou matemático formado por números reais. E acho que isso nos dá o direito de ir em frente e verificar o que se pode lucrar olhando para o tamanho de programas de computador, agora que nos sentimos razoavelmente à vontade com esse novo ponto de vista discreto, digital, agora que acabamos de examinar o suporte filosófico e as assunções tácitas que nos permitiram formular esse novo conceito.

No próximo capítulo irei finalmente acertar os meus dois débitos com você, caro leitor, provando o problema da parada de Turing, que não pode ser solucionado – do meu modo, não do modo como Turing o fez originalmente. Vou fisgar um real individual aleatório, meu número Ω, que, como vimos antes neste capítulo, precisa ter a propriedade segundo a qual qualquer SAF pode determinar no máximo, finitamente, um grande número de *bits* de sua expansão binária de base dois. E vamos discutir que diabo tudo isso significa, o que isso nos diz sobre como devemos fazer matemática...

CINCO

COMPLEXIDADE, ALEATORIEDADE & INCOMPLETUDE

No Capítulo Um eu lhe mostrei como Turing abordou a questão da incompletude. Permita-me agora mostrar-lhe como eu faço isso...

Sinto-me orgulhoso com os meus dois resultados sobre a incompletude nesse capítulo! Eles são as joias da coroa da Teoria da Informação Algorítmica (TIA), os melhores (ou os piores) resultados da incompletude, os mais chocantes, os mais devastadores, os mais esclarecedores que eu consegui obter! Mais ainda, eles constituem uma consequência do ponto de vista da filosofia digital que remonta a Leibniz, e que eu descrevi no Capítulo Dois. Daí por que esses resultados são tão surpreendentemente diferentes dos resultados clássicos de incompletude apresentados por Gödel (1931) e Turing (1936).

VERDADES IRREDUTÍVEIS E O IDEAL GREGO DA RAZÃO

Quero começar falando-lhe sobre a perigosíssima ideia da "irredutibilidade lógica"...

> Matemática
>
> axiomas → **Computador** → teoremas

Veremos aqui que a noção tradicional sobre o que trata a matemática está inteiramente equivocada: reduz coisas a axiomas, comprime. Às vezes isso não funciona de modo algum. Os fatos matemáticos irredutíveis exibidos aqui neste capítulo – os *bits* de Ω – **não podem** ser derivados de quaisquer princípios mais simples do que eles próprios.

Portanto, a noção normal de utilidade da prova, no caso deles, é falha – a prova não ajuda em geral nestas situações. Ela ajuda quando os axiomas são simples e os resultados, complicados. Mas aqui os axiomas têm de ser tão complicados quanto o resultado. Assim, qual é a vantagem de se usar o raciocínio em geral?!

Explicando de outra maneira: Uma noção normal em matemática implica na busca de estruturas e leis no mundo deste campo para construir uma teoria. Mas a teoria exige compressão, e aqui não pode haver nenhuma – não há estrutura ou lei alguma neste setor particular do mundo da matemática.

E como não pode haver compressão, tampouco pode haver entendimento desses fatos matemáticos!

Resumindo...

> Quando É Útil o Raciocínio?
>
> "Axiomas = Teoremas" implica na inutilidade do raciocínio!
>
> "Axiomas ≪ Teoremas" implica compressão & compreensão!

Se os axiomas são **exatamente iguais** em tamanho ao corpo dos teoremas interessantes, então o raciocínio foi absolutamente inútil. Mas, se forem **muito menores** do que o corpo dos teoremas interessantes, ter-se-á, então, um montante substancial de compressão e, portanto, um montante substancial de entendimento!

Hilbert, levando esta tradição ao extremo, julgava que um único SAF de complexidade finita, um finito número de *bits* de informação, deveria bastar para gerar **tudo** da verdade matemática. Ele acreditava numa teoria final de todas as coisas, ao menos para o mundo da matemática pura. O mundo de extremidades abertas, rico, infinito, imaginativo da matemática inteira, todo ele comprimido em um número finito de *bits*! Que magnífica compressão que teria sido! Um verdadeiro monumento ao poder da razão humana!

JOGO DA CARA OU COROA, ALEATORIEDADE VS. RAZÃO, VERDADE POR NENHUMA RAZÃO, FATOS DESCONECTADOS

E agora, violentamente oposta ao ideal grego da razão pura: Jogadas independentes de uma moeda fidedigna, uma ideia da física!

Uma moeda "fidedigna" significa que, ao jogá-la, existe a mesma probabilidade de cair cara ou coroa. "Independente" quer dizer que o resultado da jogada de uma moeda não influencia o resultado do lance seguinte.

Assim, cada resultado de uma jogada com esta moeda é um fato único, atômico, que não tem conexão com qualquer outro fato: nem com qualquer resultado prévio, nem com qualquer outro resultado futuro.

E mesmo conhecendo-se o resultado do primeiro milhão de jogadas com a moeda, se estivermos lidando com lances independentes de uma moeda fidedigna, isto não nos proporcionará absolutamente qualquer ajuda para prever o próximo resultado. De forma similar, se pudéssemos conhecer todos os resultados pares (2ª jogada, 4ª jogada, 6ª jogada da moeda), tal fato não seria de nenhum auxílio em qualquer previsão dos resultados ímpares (1ª jogada, 3ª jogada, 5ª jogada da moeda).

Esta ideia de uma série infinita de jogadas independentes de uma moeda fidedigna pode soar como uma ideia simples, um modelo físico simplificado (*toy model*), mas constitui um sério desafio. De fato, um pesadelo horrível para qualquer tentativa de formular uma visão racional do mundo! Porque cada resultado é um evento que é verdadeiro por **nenhuma razão** e que é verdadeiro apenas por acidente!

CINCO
COMPLEXIDADE, ALEATORIEDADE & INCOMPLETUDE

> **Cosmovisão Racionalista**
>
> No mundo físico, toda e qualquer coisa acontece por uma razão.
>
> No mundo da matemática, toda e qualquer coisa é verdadeira por uma razão.
>
> O universo é compreensível, lógico!
>
> Kurt Gödel subscrevia esta posição filosófica.

Assim sendo, racionalistas como Leibniz e Wolfram sempre rejeitaram a aleatoriedade física, ou "eventos contingentes", como Leibniz os denominava, pois, não podendo ser entendidos com o uso da razão, eles refutariam totalmente o poder da razão. A solução de Leibniz para o problema é pretender que os eventos contingentes sejam também verdadeiros por uma razão, porém, em tais casos há, de fato, uma série infinita de razões, uma cadeia infinita de causas e efeitos que, embora completamente fora do poder de compreensão humana, não está, de modo algum, fora do poder de compreensão da mente divina. A solução de Wolfram ao problema é dizer que tudo da **aparente** aleatoriedade que vemos no mundo é efetivamente apenas uma **pseudo**aleatoriedade. **Parece** aleatoriedade, mas é, efetivamente, o resultado de leis simples, do mesmo modo que os dígitos de $\pi = 3,1415926\ldots$ **parecem** aleatórios.

Não obstante, neste ponto, a mecânica quântica, com referência ao tempo, exige aleatoriedade intrínseca, uma imprevisibilidade efetiva no mundo físico, e a teoria do caos mostra até que uma forma algo mais branda de aleatoriedade, está de fato, presente na física determinística clássica, se você acredita na precisão infinita dos números reais e no poder de aguda sensitividade no tocante às condições iniciais, a fim de amplificar rapidamente *bits* aleatórios em condições iniciais dentro do domínio macroscópico...

O físico Karl Svozil defende a seguinte e interessante posição sobre estas questões. Ele tem inclinações determinísticas clássicas e simpatiza com a assertiva de Einstein, segundo a qual "Deus não joga dados". Svozil admite que, em seu estado **corrente**, a teoria quântica contém aleatoriedade. Mas ele pensa que isto é apenas temporário e que alguma teoria de variável oculta, nova e mais profunda, restaurará finalmente a determinância e a lei na física. De outro lado, acredita que, como ele próprio coloca, Ω mostra que há aleatoriedade **real** no mundo imaginário e fantasioso da pura matemática!

UMA CONVERSA SOBRE ALEATORIEDADE NO CITY COLLEGE, NOVA YORK, EM 1965

Como plano de fundo informativo para essa história, deveria começar dizendo que há um século Borel propôs uma definição matemática para o número real aleatório, a bem dizer, definições variantes, infinitamente numerosas. Ele chamou estes reais de números "normais". Trata-se do mesmo Borel que, em 1927, inventou o alardeado real discutido por nós no Capítulo Quatro. Em 1909, ele pôde mostrar que a maioria dos números reais tem de satisfazer **todas** as suas variantes definições de normalidade. A probabilidade de deixar de atender a alguma delas é zero.

Qual é a definição de um real normal, segundo Borel? Bem, ele é um número real com a propriedade de que cada dígito possível ocorre com igual frequência limitante: a longo prazo, exatamente 10% das vezes. Isto é denominado normal "simples" em base 10. E normal em base 10 *tout court* significa que, para cada k, a expansão em base-dez do real possui cada um dos 10^k possíveis blocos dos k dígitos sucessivos com exatamente a mesma frequência relativa limitante igual a $1/10^k$. Todos os possíveis blocos dos dígitos sucessivos k têm exatamente a mesma probabilidade de aparecer no longo prazo, e este é o caso para **cada** k, sendo $k = 1, 2, 3, \ldots$ Finalmente, há apenas um número "normal", simples, que é um real dotado dessa propriedade quando escrito em **qualquer** base, não apenas na base dez. Em outras palavras, normal significa que ele é 2-normal (normal em base 2), 3-normal (norma em base 3), 4-normal (normal em base 4), e assim por diante.

Deste modo, a maioria dos reais é normal, com probabilidade um (Borel, 1909). Mas, e se eu pretendesse mostrar um número normal **específico**? E não parece haver razão para duvidar de que π e *e* sejam normais, embora ninguém, até os dias de hoje, tenha a menor ideia de como prová-lo.

Certo, esta é a informação básica sobre a normalidade, segundo Borel. Bem, agora vamos adiante mais depressa, até 1965.

Eu sou um estudante de graduação no City College, acabando de iniciar o meu segundo ano. Estava escrevendo e revendo o meu primeiro artigo sobre a aleatoriedade. Minha definição de aleatoriedade não era de modo algum similar à de Borel. Era uma definição muito mais exigente do que aquela que venho discutindo nesse livro, que é fundada na ideia da incompressibilidade algorítmica, na ideia de olhar para o tamanho dos programas de computador. De fato, ela se baseia realmente em uma observação feita por Leibniz, em 1686, embora, na época, eu não soubesse disso. Este foi tema do meu artigo publicado em 1966 e, no ano de 1969, no ACM *Journal*.

O reitor havia me dispensado de comparecer às aulas a fim de que eu pudesse preparar tudo isso para a publicação, e logo correu por todo City College a notícia de que eu estava elaborando uma nova definição de aleatoriedade. E aconteceu que havia aí um professor, Richard Stoneham, cujas aulas eu nunca assistira em nenhum de meus cursos, que estava muito interessado em números normais.

Nós nos encontramos em seu gabinete, no maravilhoso pseudogótico Shepard Hall, de pedras antigas, e eu lhe expliquei que estava trabalhando numa definição de aleatoriedade, uma que implicaria a normalidade segundo Borel, e que era uma definição segundo a qual a maior parte dos reais iria satisfazer, com probabilidade um.

Ele me contou estar interessado em provar que números **específicos** tais como π e e eram normais. Pretendia mostrar que alguns objetos matemáticos bem conhecidos já continham a aleatoriedade, isto é, a normalidade segundo Borel, e não algum novo tipo de aleatoriedade. Repliquei que nenhum número, como π ou e, poderia satisfazer minha definição mais exigente de aleatoriedade, porque eram reais computáveis e, portanto, compressíveis.

O professor Richard me deu alguns de seus trabalhos para ler. Um deles era sobre computação e versava acerca da distribuição dos diferentes dígitos numa expansão decimal de π e e. Eles pareciam ser normais... E um outro artigo era teórico e tratava de dígitos expressos em números racionais, em expansões decimais periódicas. Stoneham estava apto a provar que, para alguns racionais m/n, os dígitos eram vagamente equidistribuídos com m e n, sujeitos a condições, que eu não me lembro mais.

Isto foi assim, na única vez em que nos encontramos.

Os anos foram passando, e eu me deparei com a probabilidade de parada Ω. E nunca mais ouvi falar de Stoneham, até ficar sabendo, pelo capítulo de Borwein e Bailey sobre números normais, no livro *Mathematics by Experiment*, que o referido professor do City College conseguira efetivamente dar conta do recado! É assaz espantoso que **ambos** havíamos alcançado as nossas metas!

Bailey e Crandall, no curso de seu trabalho em 2003, que produziu um resultado bem mais poderoso, tinham descoberto que, trinta anos antes, Stoneham, agora já falecido (esta informação provém do livro de Wolfram), fora bem sucedido na tentativa de achar, até onde eu sei, o que constituía o primeiro exemplo "natural" de um número normal.

Parecendo um *replay* de Liouville, Stoneham não logrou provar que π e e eram normais. Mas conseguiu demonstrar que a soma de uma série infinita de aparência natural era normal em base 2, isto é, normal para blocos de *bits* de todo tamanho possível em base 2!

Ele e eu, **ambos** descobrimos o que estávamos procurando! Que delícia!

Neste capítulo, lhe contarei como o fizemos. Primeiro, porém, como exercício de aquecimento, para entrar no devido clima, quero provar que o problema da parada de Turing é insolúvel. Convém passar por isso antes de considerar a minha probabilidade de parada Ω.

E para realizá-lo, quero mostrar-lhe que você pode provar que um programa é elegante, exceto muitas vezes finitamente. Acredite ou não, a ideia desta prova provém, na realidade, de **Émile Borel**, o mesmo Borel de antes. Embora eu não estivesse cônscio do fato, quando originariamente encontrei a prova por mim mesmo...

Portanto, permita-me começar por expor-lhe a bela ideia de Borel.

O PARADOXO DA INDEFINIBILIDADE-DE-ALEATORIEDADE DE BOREL

Possuo uma claríssima e distinta lembrança de me haver inteirado da ideia, que estou a ponto de lhe explicar, na leitura de uma tradução inglesa de um livro de Borel sobre suas ideias básicas acerca da teoria da probabilidade. Infelizmente, nunca consegui descobrir que livro era, nem encontrar de novo a discussão de Borel sobre um paradoxo relativo a qualquer tentativa de formular uma noção definitiva de aleatoriedade.

Assim, é possível que isto seja uma falsa lembrança, talvez um sonho que eu tive certa vez, que às vezes me parece real, ou uma recordação "reprocessada" da qual eu, de algum modo, fabriquei no correr dos anos.

Contudo, Borel foi bastante prolífico, e estava muito interessado nessas questões, de modo que este item se acha provavelmente algures em sua obra! Se você descobri-lo, por favor, queira me informar!

Afora esta precaução, permita que eu compartilhe com você minha lembrança da discussão de Borel, acerca de um problema que deve surgir inevitavelmente em **qualquer** tentativa de definir a noção de aleatoriedade.

Digamos que, de algum modo, você possa distinguir entre números inteiros cujos dígitos decimais formam uma sequência particularmente aleatória de dígitos, e aqueles que não formam.

Agora, pense a respeito do primeiro número N-dígito (com N dígitos) que satisfaça sua definição de aleatoriedade. Mas este número particular é antes atípico, porque ele é precisamente o primeiro número N-dígito possuidor de uma propriedade específica!

O problema é que a palavra aleatória significa "características típicas, não distintivas, que não se destacam da multidão". Porém, se você puder definir aleatoriedade, então a propriedade de ser aleatório torna-se apenas uma característica a mais para você utilizar, a fim de mostrar que certos números são atípicos e se destacam da multidão!

Assim, você consegue uma hierarquia de noções de aleatoriedade, aquela pela qual você principia, depois a próxima, em seguida uma derivada desta, e assim por diante... E cada uma delas é derivada usando-se a prévia definição de aleatoriedade como uma característica a mais, como qualquer outra que possa ser utilizada para classificar números!

A conclusão de Borel é que não pode haver uma definição conclusiva de aleatoriedade. Você não pode definir uma noção totalmente inclusiva de aleatoriedade. A aleatoriedade é um conceito escorregadio, há algo de paradoxal nele, é difícil de ser apreendido. Tudo é uma questão de decidir o quanto se quer exigir. Você tem de decidir sobre um corte, você tem de dizer "basta": tomemos **isto** como sendo aleatório.

Permita-me explicar-lhe isto, utilizando algumas imagens que definitivamente não se encontram na minha possível falsa lembrança de Borel.

No momento em que você fixa em sua mente a noção de aleatoriedade, este ato mental mesmo invalida aquela noção e cria uma nova noção mais exigente de aleatoriedade... Assim, fixar a aleatoriedade em sua mente é como tentar fitar algo sem piscar e sem mexer os olhos. Se você fizer isso, a cena começa a desaparecer, aos pedaços, de seu campo visual. Para ver alguma coisa, você precisa continuar mexendo seus olhos, mudando seu foco de atenção...

Quanto mais fixamente você olha para a aleatoriedade, menos você a vê! É como tentar divisar objetos tênues em um telescópio, à noite, coisa que você consegue, não os observando diretamente, mas olhando, ao invés, para o lado, onde a resolução da retina é mais baixa e a sensibilidade de cor é menor, porém você pode enxergar objetos muito mais vagos...

Essa discussão, atribuída por mim a Borel, contém, de fato, a semente da minha prova, que irei agora lhe proporcionar, segundo a qual você não pode provar ser um programa de computação "elegante", quer dizer, que ele é o menor programa a produzir o mesmo *output*.

Encarado como uma teoria, tal como discutido no Capítulo Dois, um programa elegante é a compressão ótima de seu *output*, é a mais simples teoria científica para este *output*, considerado como dados experimentais.

Assim, se o *output* desse programa de computador é o universo inteiro, então um programa elegante para ele seria a ótima teoria de tudo (na sigla inglesa, TOE, Theory of Everything), aquela desprovida de elementos redundantes, a melhor TOE é aquela, diria Leibniz, que um Deus perfeito usaria para produzir aquele universo particular.

POR QUE VOCÊ NÃO PODE PROVAR QUE UM PROGRAMA É "ELEGANTE"?

Consideremos um sistema axiomático formal (SAF) de Hilbert/Turing/Post (como discutido no Capítulo Um) que, para nós, é apenas um programa para gerar todos os teoremas. Iremos assumir que este programa é o menor possível para produzir aquele conjunto particular de teoremas. Assim sendo, o tamanho desse programa é precisamente o que define a complexidade dessa teoria. Não há, absolutamente, nenhuma redundância!

Está certo, pois essa é a forma pela qual é possível medir o poder do SAF pelo número de *bits* de informação que ele contém. E você verá agora como isso realmente funciona e nos proporciona um novo *insight*.

Construindo com base no paradoxo de Borel, discutido na seção anterior, considere o seguinte programa de computador...

> Programa Paradoxal P:
>
> O *output* de P é o mesmo que o *output* do primeiro programa Q, provavelmente elegante, encontrado por você (à medida que você gera todos os teoremas do SAF de sua escolha) que é maior do que P.

Por que estamos construindo esse programa com base no paradoxo de Borel? Porque a ideia é que, se pudermos provar que um programa é elegante, estaremos aptos a achar o menor programa produtor do mesmo output: que contradição! O paradoxo de Borel significa que, se nos for dado definir a aleatoriedade, seremos capazes de pinçar um número aleatório, que não é absolutamente aleatório: que contradição! Assim, eu vejo essas duas provas, o paradoxo informal de Borel e este teorema efetivo ou, mais precisamente, este metateorema como dotado do mesmo espírito.

Em outras palavras, P gera todos os teoremas do SAF até encontrar uma prova de que um programa particular Q é elegante e, mais importante ainda, é que o tamanho de Q tem de ser maior do que o tamanho de P. Se P puder achar um Q, então ele rodará Q e produzirá o *output* de Q como sendo seu próprio *output*.

Isto é uma contradição, porque P é demasiado pequeno para produzir o mesmo *output* de Q, porquanto P é menor do que Q e Q é, por hipótese, elegante (assumindo-se que todos os teoremas provados no SAF são corretos, isto é, verdadeiros)! O único meio de evitar essa contradição é se P nunca encontrar Q, pois nunca um programa Q maior do que P poderá ser demonstrado como sendo elegante nesse SAF.

CINCO
COMPLEXIDADE, ALEATORIEDADE & INCOMPLETUDE

Assim, usando esse SAF você pode provar que o programa Q é elegante se ele for maior do que P. Portanto, neste SAF, você só pode provar que um número finito de programas específicos, e não mais, é elegante (destarte, o problema da parada é insolúvel, como veremos na próxima seção).

E P é apenas um número fixado de *bits* maior do que o SAF usado por nós até o momento. A maioria dos P contém as instruções para gerar todos os teoremas, ou seja, a parte variável e um pouco mais, uma parte fixa, para filtrá-los e levar à frente nossa prova como foi feito acima.

Desta maneira, a ideia básica é que você não pode provar que um programa é elegante se ele for maior do que o tamanho do programa usado para gerar todos os teoremas no seu SAF. Em outros termos, se o tamanho do programa for maior do que a complexidade, isto é, for maior do que o tamanho do programa de seu SAF; então você não poderá provar que o referido programa é elegante! Não há jeito!

Você está vendo como é útil estar apto a medir a complexidade de um SAF, isto é, apto a medir quantos *bits* de informação ele contém?

Assunção tácita: Nessa discussão assumimos a segurança do SAF, e isso significa dizer que assumimos a veracidade de todos os teoremas provados por ele.

Cautela: Efetivamente, não dispomos ainda de completa irredutibilidade, porque os diferentes casos "P é elegante", "Q é elegante", "R é elegante", **não** são independentes um do outro. De fato, você pode determinar todos os programas elegantes com menos de N *bits* em tamanho **do mesmo** axioma com N-*bits* (N-*bit*), um axioma que lhe diz qual programa com menos de N bits leva mais tempo para se deter. Você sabe como fazer isso?

Porém, antes de resolver este problema e alcançar a total irredutibilidade com os bits da probabilidade de parada Ω, vamos fazer uma pausa e deduzir um corolário útil.

DE VOLTA AO PROBLEMA DA PARADA DE TURING

Eis uma consequência imediata, um corolário, do fato que acabamos de estabelecer, segundo o qual você não pode mecanicamente achar outra coisa senão muitos programas elegantes em número finito:

Não há algoritmo para solucionar o problema da parada, com o fito de decidir se um dado programa para ou não. A prova é por *reductio ad absurdum*: Porque se **houvesse tal algoritmo**, poderíamos usá-lo para encontrar todos os programas elegantes. Você faria isso checando cada programa, um de cada vez, para verificar se ele para, e seguir rodando aqueles que se detêm para verificar o que eles produzem, e depois conservando unicamente o primeiro programa encontrado que produza um dado *output*. Se você examinar todos os programas em ordem de tamanho, isso lhe fornecerá, precisamente, todos os programas elegantes (excluindo ligações que não sejam importantes e possam ser esquecidas).

De fato, na realidade acabamos de provar que, se o nosso algoritmo do problema da parada possuir N bits de tamanho,

CINCO
COMPLEXIDADE, ALEATORIEDADE & INCOMPLETUDE

então deverá haver um programa que nunca se deterá, e que é, no máximo, apenas alguns poucos *bits* maior do que os N *bits* em tamanho, mas não poderemos decidir que este programa nunca há de parar, usando o nosso algoritmo de N-*bits* do problema da parada (isto supõe que o algoritmo do problema da parada prefere sempre não dar uma resposta a dar a resposta errada. Semelhante algoritmo pode ser reinterpretado como sendo um SAF).

Assim, acabamos de provar o famoso resultado de Turing, de 1936, de um modo completamente diferente daquele pelo qual ele o provou originalmente, empregando a ideia de tamanho de programa, de informação algorítmica, de complexidade de *software*. De todas as provas encontradas por mim a respeito do resultado de Turing, esta última é a minha favorita.

E agora devo confessar algo mais: eu não acho que você possa realmente entender um resultado matemático enquanto não descobrir uma prova feita por você mesmo. Ler a demonstração efetuada por outra pessoa não é tão bom quanto elaborar sozinho uma prova. De fato, um excelente matemático, conhecido meu, Robert Solovay, nunca permitiu que eu lhe explicasse uma prova. Sempre insistiu em ser informado da enunciação do resultado, pondo-se, depois, a pensar no resultado, por sua própria conta! Isto sempre me deixou muito impressionado!

Esta é a prova mais direta, a prova mais básica do resultado de Turing, que fui capaz de obter. Tentei chegar ao âmago da questão, remover todos os emaranhados, todos os pormenores periféricos que se colocam no caminho do entendimento.

E isto também significa que a peça faltante em nossa discussão, no Capítulo Um, do 10º problema de Hilbert, foi agora preenchida.

Por que é interessante o problema da parada? Bem, porque no Capítulo Um nós demonstramos que, se o problema da parada for insolúvel, então o 10º problema de Hilbert não poderá ser resolvido e não haverá algoritmo para decidir se uma equação diofantina tem ou não solução. Com efeito, o problema da parada de Turing é equivalente ao 10º problema de Hilbert, no sentido de que uma solução para cada um dos dois problemas automaticamente proporcionaria/acarretaria uma solução para o outro.

A PROBABILIDADE DE PARADA Ω
E OS PROGRAMAS AUTODELIMITANTES

Agora vamos realmente obter fatos matemáticos irredutíveis, fatos matemáticos que "são verdadeiros por nenhuma razão", e que simulam em pura matemática, tanto quanto possível, as jogadas independentes de uma moeda confiável: são os *bits* da expansão na base dois da probabilidade de parada Ω. O belo e esclarecedor fato de que você não pode provar que um programa é elegante constitui apenas um exercício de aquecimento!

Em vez de ter em vista **um** programa, como Turing fez, e perguntar se ele se detém ou não, vamos pôr **todos os possíveis** programas em um saco; agitemo-lo, fechemos nossos olhos e pincemos um programa. Qual será a probabilidade de que esse programa, por nós escolhido de maneira aleatória, irá finalmente parar? Expressemos esta probabilidade como um número real, binário, de precisão infinita, entre zero e um. E *voilá*! Seus *bits* serão nossos fatos matemáticos independentes.

> **A Probabilidade de Parada Ω**
>
> Você roda um programa escolhido por acaso
> em um computador comum.
> Cada vez que o computador exigir o próximo *bit* do programa,
> jogue uma moeda para gerá-lo, usando lances independentes
> de uma moeda não viciada.
> O computador deve decidir **por si próprio** o momento
> de parar de ler o programa.
> Isto força o programa a ser informação binária autodelimitante.
> Você soma, para cada programa que se detém,
> a probabilidade de conseguir precisamente
> por acaso aquele programa:
>
> $$\Omega = \sum_{\text{programa } p \text{ que para}} 2^{-(\text{tamanho em } bits \text{ de } p)}$$
>
> Cada programa p autodelimitante de k-*bit* que se detém
> contribui para o valor de Ω com $1/2^k$.

A condição de programa autodelimitante é crucial: do contrário, a probabilidade de parada tem de ser definida para programas de **cada tamanho particular**, mas não pode ser definida para **todos** os programas de **tamanho arbitrário**.

Para Ω parecer mais real, deixe-me salientar que você pode computá-lo no limite com base na expressão final do seguinte quadro:

> ### N-ésima Aproximação de Ω
>
> Rode cada programa até N *bits* em tamanho durante N segundos.
>
> Então, cada programa de k-*bit* que se detenha, descoberto por você, contribui com $1/2^k$ para este valor aproximado de Ω.
>
> Esses valores aproximados ficam cada vez maiores (lentamente!) e chegam cada vez mais perto de Ω, a partir da expressão abaixo.
>
> 1ª aprox. $\leq$ 2ª aprox. $\leq$ 3ª aprox. $\leq$ ... $\leq \Omega$.

Este processo está escrito em LISP no meu livro *The Limits of Mathematics*. A função LISP, que fornece este valor aproximado de Ω como uma função de N, ocupa cerca da metade de uma página de código, com o emprego do dialeto especial LISP que eu apresento no livro acima citado.

Entretanto, este processo converge muito lentamente para Ω. De fato, você nunca pode saber quão perto você está de Ω, o que torna isso um tipo de convergência bastante fraca.

Normalmente, para que valores aproximados de um número real sejam úteis, você necessita saber quão próximos se encontram daquele a que eles estão se aproximando; você precisa saber o que é chamado de "taxa de convergência", ou ter o que se denomina "um regulador computável de convergência". Mas aqui não temos nada disso, dispomos apenas de uma sequência de números racionais que se arrastam mui vagarosamente, acercando-se cada vez mais de Ω, sem jamais nos capacitar a saber precisamente quão perto nos achamos de Ω em um dado ponto desta computação sem fim.

Apesar de tudo isso, tais aproximações são extremamente úteis. Na próxima seção iremos usá-las a fim de mostrar que Ω é um número real algoritmicamente "aleatório" ou "irredutível". E depois, neste capítulo, iremos utilizá-lo na construção de equações diofantinas para os *bits* de Ω.

Ω COMO UM ORÁCULO
PARA O PROBLEMA DA PARADA

Por que são os *bits* de Ω fatos matemáticos irredutíveis? Bem, é porque podemos usar os primeiros *N bits* de Ω a fim de estabelecer o problema da parada para todos os programas até *N bits* de tamanho. Ou seja, *N bits* de informação, e os primeiros *N bits* de Ω são, portanto, uma representação não redundante dessa informação.

METAMAT!

> ### Quanto de Informação Há nos Primeiros N *Bits* de Ω?
>
> Dados os primeiros N *bits* de Ω, obtenha aproximações cada vez melhores para Ω, tal como foi indicado na seção anterior, até que os primeiros N *bits* do valor aproximado sejam corretos.
>
> A esta altura você passou por todos os programas de comprimento até N *bits* que alguma vez se detiveram. Dê um *output* a algo não incluído em qualquer das saídas produzidas por todos esses programas que param. Não é possível que isto tenha sido produzido usando qualquer programa que possua um número menor ou igual a N *bits*.
>
> Portanto, os primeiros N *bits* de Ω não podem ser produzidos com qualquer programa que tenha substancialmente menos do que N *bits*, e Ω satisfaz a definição de um número real "aleatório" ou "irredutível" dado no Capítulo Quatro:
>
> $$H \text{ (os primeiros } N \text{ bits de } \Omega) \; > \; N - c$$

Este processo está descrito em LISP no meu livro *The Limits of Mathematics*. A função LISP, que produz algo com complexidade maior do que N *bits* se for dado qualquer programa que calcule os primeiros N *bits* de Ω, ocupa uma página de código caso se utilize o dialeto especial da LISP, apresentado por mim na obra mencionada acima. O tamanho em *bits* dessa função LISP, que ocupa uma página, é precisamente o valor desta constante c com a propriedade

CINCO
COMPLEXIDADE, ALEATORIEDADE & INCOMPLETUDE

de que H (os primeiros N *bits* de Ω) é maior do que $N - c$ para todo N. Assim, a complexidade medida pelo tamanho do programa dos primeiros N *bits* de Ω nunca cai muito abaixo de N.

Agora, quando sabemos que Ω é um número real algoritmicamente "aleatório" ou "irredutível", o argumento de que um sistema axiomático formal (SAF) pode determinar apenas finitamente muitos *bits* de um número, assim dado no Capítulo Quatro, aplica-se imediatamente a Ω. A ideia básica é que se K *bits* de Ω pudessem ser "comprimidos" em um SAF substancialmente menor do que K-*bit*, então Ω não seria efetivamente irredutível. De fato, usando o argumento apresentado no Capítulo Quatro, podemos dizer exatamente quantos *bits* de Ω um dado SAF pode determinar. Eis aqui o resultado final...

**Um SAF pode determinar somente
tantos *Bits* de Ω quanto é sua complexidade**

Como mostramos no Capítulo Quatro, há uma (outra) constante c
tal que um sistema axiomático formal (SAF), com complexidade
medida pelo tamanho do programa H (SAF),
nunca pode determinar mais do que
H (SAF) $+$ c *bits* do valor para Ω,

Estes são teoremas da forma "O 39º *bit* de Ω é 0"
ou "O 64º *bit* de Ω é 1".

(Isto pressupõe que o SAF só lhe habilita
a provar tais teoremas se eles forem verdadeiros.)

Este é **um resultado extremamente forte de incompletude**. É o melhor que eu posso fazer, porque ele diz que, essencialmente, o único meio de determinar *bits* de Ω é colocar esta informação diretamente nos axiomas do nosso SAF, sem usar qualquer raciocínio em geral, dando, por assim dizer, apenas uma espiada na tabela para determinar esses conjuntos finitos de *bits*.

Em outras palavras, os *bits* de Ω são logicamente irredutíveis, não podem ser obtidos a partir de axiomas mais simples do que eles são. Até que enfim! Descobrimos um meio de simular lances independentes de uma moeda não viciada, encontramos fatos matemáticos "atômicos", uma série infinita de fatos matemáticos que não têm conexão uns com os outros e que, por assim dizer, são "verdadeiros por nenhuma razão" (**nenhuma razão mais simples do que eles são**).

Portanto, este resultado pode ser interpretado informalmente, como se disséssemos que a matemática é aleatória ou, mais precisamente, contém aleatoriedade, isto é, os *bits* de Ω. Que conclusão dramática! Porém, certo número de sérias advertências está satisfeita!

A matemática não é aleatória no sentido de ser arbitrária, de modo algum – de maneira mais definitiva, não é o caso de 2 + 2 ser ocasionalmente igual a 5 em vez 4! Mas a matemática contém **informação irredutível**, da qual Ω é um exemplo por excelência.

Dizer que Ω é aleatório pode ser algo confuso. Ele é um número real específico bem determinado, e satisfaz tecnicamente a definição daquilo que tenho chamado de "real aleatório". Mas a matemática amiúde utiliza palavras familiares em modos não familiares. Uma forma talvez mais adequada de colocar isso é afirmar que Ω é algoritmicamente incompressível. Na realidade, prefiro muito mais o termo "irredutível"; comecei a usá-lo cada vez mais, embora, por razões históricas, o termo "aleatório" seja inevitável.

Assim, talvez seja melhor, para evitar equívocos, dizer que Ω é irredutível, o que é verdade tanto algorítmica ou computacionalmente quanto **logicamente**, por meio de provas. E *o que sucede implica* que Ω possui muitas das características do resultado típico de um processo aleatório, na acepção física de um processo imprevisível, que é sensível a um tratamento estatístico.

Por exemplo, como discutiremos na próxima seção, na expansão binária infinita de base dois em Ω's, cada um dos 2^k possíveis blocos de *k-bits* hão de aparecer com frequência relativa limitante exatamente de $1/2^k$, e este é provavelmente o caso para o número real específico Ω, embora seja verdade somente com probabilidade 1, mas não, com certeza, para o resultado de uma série infinita de lances independentes de uma moeda não viciada. Assim, talvez, em retrospecto, a escolha do termo "aleatório" não foi tão má, no fim de contas!

Portanto, um real aleatório pode não ter significado, ou ser extremamente significativo; minha teoria não pode distinguir entre essas duas possibilidades, não pode dizer nada acerca disto. Se o real foi produzido por meio de uma jogada independente de uma moeda fidedigna para cada *bit*, ele será irredutível e não terá significado. Por outro lado, Ω é um real aleatório com uma porção de significados, uma vez que contém um bocado de informação sobre o problema da parada, e essa informação está armazenada em Ω, de um modo irredutível, sem nenhuma redundância. Como se vê, uma vez que por compressão você tenha posto para fora toda a redundância de algo significativo, o resultado

parece necessariamente não ter nenhum significado, embora tenha de fato, estando apenas abarrotado de significado!

MAIS UMA VEZ OS NÚMEROS NORMAIS DE BOREL

Com efeito, não é difícil verificar que Ω é normal, quer dizer, b-normal para qualquer base b, e não somente para 2-normal. E o fato encantador a esse respeito é que a definição de Ω como probabilidade de parada não parece ter nada a ver com a normalidade. Ω não foi construído especialmente com a normalidade em mente; a qual apenas caiu fora, livremente, por assim dizer!

Portanto, para qualquer base b e qualquer número fixo k de "dígitos" de base-b, a frequência relativa limitante de cada uma das b^k possíveis sequências de k dígitos na expansão b-ésima de Ω será exatamente $1/b^k$. No limite, todos eles possuem igual probabilidade de aparecer...

Como poderia você provar que isso vem a ser o caso? Bem, se **não** fosse este o caso então os *bits* de Ω seriam altamente compressíveis, por um fator multiplicativo fixo dependente apenas de quão desigual as frequências relativas venham a ser. Em outras palavras, os *bits* de Ω poderiam ser comprimidos por uma porcentagem fixada, o que significa um bocado de compressão... Estas são as ideias que remontam ao famoso artigo publicado por Claude Shannon por volta de 1940, no *The Bell System Technical Journal*, embora o contexto em que eu e ele atuamos seja muito diferente. De qualquer modo, foi lendo Shannon que me veio a ideia. Tanto

CINCO
COMPLEXIDADE, ALEATORIEDADE & INCOMPLETUDE

eu como ele trabalhávamos para laboratórios industriais: no caso de Shannon era uma companhia de telefones, no meu era a IBM.

Foi assim, pois, que consegui descobrir um número normal! Isso se deu porque eu não estava interessado na normalidade *per se*, porém em questões filosóficas mais profundas, e a normalidade apenas pingou como uma aplicação dessas ideias. Uma espécie similar à prova de Turing de que os transcendentais existem, porque todos os números algébricos têm de ser computáveis...

E como foi que o professor do City College, Richard Stoneham, obteve sucesso na **sua** busca da aleatoriedade? Foi assim. Eis aqui o provável número 2-normal de Stoneham:

$$\frac{1}{(3 \times 2^3)} + \frac{1}{(3^2 \times 2^{3^2})} + \frac{1}{(3^3 \times 2^{3^3})} + \cdots \frac{1}{(3^k \times 2^{3^k})} + \cdots$$

Esta é uma base 2 normal para blocos de todo tamanho.

E qual é o resultado mais geral obtido por David Bailey e Richard Crandall em 2003?

$$\frac{1}{(c \times b^c)} + \frac{1}{(c^2 \times b^{3^2})} + \frac{1}{(c^3 \times b^{3^3})} + \cdots \frac{1}{(c^k \times b^{c^k})} + \cdots$$

Este é um número *b*-normal, enquanto *b* for maior do que 1 e *b* e *c* não tiverem fatores comuns. Por exemplo, $b = 5$ e $c = 7$ servirão para isto; isto lhe dá um número 5-normal. Para maiores detalhes, ver o capítulo sobre números normais em *Mathematics by Experiment*, de Borwein e Bailey, Capítulo Quatro. E há uma porção de outros materiais interessantes neste livro; por exemplo, surpreendentes novos modos para calcular π – que, na realidade, está conectado com todas essas provas de normalidade! (Ver o Capítulo Três do livro acima citado.)

OBTENDO BITS DE Ω UTILIZANDO EQUAÇÕES DIOFANTINAS

No Capítulo Quatro, expressei ceticismo **matemático** sobre os números reais. E, no Capítulo Três, manifestei ceticismo **físico** a respeito dos números reais. Assim sendo, por que devemos levar a sério o número real Ω? Bem, não se trata de um número real **qualquer**; você pode obtê-lo a partir de uma equação diofantina! Na realidade, você pode fazer isso de duas maneiras bem diferentes.

Uma abordagem que descobri em 1987, faz o número de soluções de uma equação saltar do finito para o infinito, de um modo que imita os *bits* de Ω. A outra é a descoberta por Toby Ord e por Tien D. Kieu, na Austrália, em 2003, e faz com que o número de soluções da equação salte de par para impar, de uma maneira que imita os *bits* de Ω. Efetue, pois, sua escolha; isto pode ser realizado de ambos os modos. Há uma abordagem desse problema via Hemisfério Norte e outra, pelo Hemisfério Sul – e, sem dúvida, muitos outros modos interessantes de fazê-lo!

Você se lembra do credo de Kronecker, segundo o qual "Deus criou os inteiros; e tudo o mais é obra do homem"? Se preferir, Ω não é, em absoluto, um número real, é um fato a respeito de certas equações diofantinas; lida apenas com números inteiros, com inteiros positivos! Assim, você não pode desprezar o fato de que os *bits* da probabilidade de parada Ω são verdades matemáticas irredutíveis, pois isso pode ser reinterpretado como uma declaração acerca de equações diofantinas.

Chaitin (1987):
Equação Diofantina Exponencial # 1

Nesta equação n é um **parâmetro**,
e $k, x, y, z, \ldots$ são as **incógnitas**:

$$L(n, k, x, y, z, \ldots) = R(n, k, x, y, z, \ldots).$$

Ela tem soluções inteiras positivas em **número infinito**
se o n-ésimo *bit* de Ω for um 1.

Ela tem **apenas** soluções inteiras positivas
em **número finito** se o n-ésimo *bit* de Ω for 0.

> Ord, Kieu (2003):
> Equação Diofantina Exponencial # 2
>
> Nesta equação n é um **parâmetro**,
> e $k, x, y, z, \ldots$ são as **incógnitas**:
>
> $L(n, k, x, y, z, \ldots) = R(n, k, x, y, z, \ldots)$.
>
> Para qualquer valor dado do parâmetro n,
> ela terá apenas soluções inteiras positivas em número finito.
>
> **Para cada valor particular de n:**
>
> o número de soluções desta equação será **ímpar**
> se o n-ésimo *bit* de Ω for 1, e
>
> o número de soluções desta equação será **par**
> se o n-ésimo *bit* de Ω for 0.

Como é que você constrói essas duas equações diofantinas? Bem, os pormenores ficam um pouco confusos. Os quadros abaixo lhe darão a ideia geral; eles resumem o que é necessário fazer. Como você verá, a sequência computável de valores aproximados de Ω, que discutimos antes, desempenha um papel chave. É também importante, particularmente para Ord e Kieu (2003), recordar que esses valores aproximados constituem uma sequência **não decrescente** de números racionais que se aproximam cada vez mais de Ω, mas permanecem sempre **menores do que** o valor de Ω.

CINCO
COMPLEXIDADE, ALEATORIEDADE & INCOMPLETUDE

Chaitin (1987):
Equação Exponencial Diofantina # 1

O Programa (n, k) calcula a k-ésima aproximação de Ω, da maneira explicada na seção anterior. Então, o Programa (n, k) tem em vista n-ésimo *bit* deste valor aproximado de Ω. Se este *bit* for 1, então o Programa (n, k) se detém imediatamente; do contrário, ele rodará para sempre. Assim, o Programa (n, k) se deterá se, e somente se, (o n-ésimo *bit* na k-ésima aproximação de Ω) for 1.

À medida que k fica maior, o n-ésimo *bit* da k-ésima aproximação de Ω se deterá finalmente no valor correto. Portanto, para todo k suficientemente grande:

o Programa (n, k) há de parar se o n-ésimo *bit* de Ω for1,

e o Programa (n, k) deixará de parar se o n-ésimo *bit* de Ω for 0.

Usando todo o trabalho acerca do 10º problema de Hilbert, explicado por mim no Capítulo Um, obtemos de pronto uma equação diofantina exponencial

$$L(n, k, x, y, z, \ldots) = R(n, k, x, y, z, \ldots)$$

que terá **exatamente uma** solução inteira positiva
se o Programa (n, k) finalmente parar,

e que **não** terá solução inteira positiva se o Programa (n, k) nunca parar.

▶

> Portanto, fixando-se n e considerando k uma incógnita, exatamente esta mesma equação,
>
> $$L(n, k, x, y, z, \ldots) = R(n, k, x, y, z, \ldots)$$
>
> terá **muitas soluções em número infinito** se o n-ésimo *bit* de Ω for 1, e terá **muitas soluções, porém em número finito** se o n-ésimo *bit* de Ω for 0.

Ord, Kieu (2003):
Equação Diofantina Exponencial #2

O Programa (n, k) para se, e somente se, $k > 0$ e
$2^n \times (j\text{-ésima aproximação de } \Omega) > k$
para algum $j = 1, 2, 3, \ldots$

Portanto, o Programa (n, k) se detém se, e somente se $2^n \times \Omega > k > 0$.

Empregando todo o trabalho acerca do 10º problema de Hilbert, que explicamos no Capítulo Um, obtemos imediatamente uma equação diofantina exponencial

$$L(n, k, x, y, z, \ldots) = R(n, k, x, y, z, \ldots)$$

que possui **exatamente uma** solução inteira positiva se o Programa (n, k) finalmente parar,

COMPLEXIDADE, ALEATORIEDADE & INCOMPLETUDE

> e **não** possui uma solução inteira positiva
> se o Programa (n, k) nunca parar.
>
> Fixemos n e perguntemos para que valor de k esta equação
> tem uma solução.
>
> **Resposta:** $L(n, k) = R(n, k)$ é solúvel precisamente para
> $k = 1, 2, 3, \ldots$, até a parte inteira de $2^n \times \Omega$.
>
> Portanto, $L(n) = R(n)$ possui exatamente
> a parte inteira das $2^n \times \Omega$ soluções,
> que é o inteiro obtido por você ao desviar
> a expansão binária de Ω para a esquerda
> de n *bits*. E o *bit* mais à direita da parte inteira de $2^n \times \Omega$
> será o n-ésimo *bit* de Ω.
>
> **Portanto,** fixando-se n e considerando k como uma incógnita,
> teremos exatamente a mesma equação
>
> $$L(n, k, x, y, z, \ldots) = R(n, k, x, y, z, \ldots)$$
>
> que possui **um número ímpar** de soluções se o n-ésimo *bit* de Ω for 1,
> e possui **um número par** de soluções se o n-ésimo *bit* de Ω for 0.

POR QUE É INTERESSANTE ESTE Ω REAL ALEATÓRIO PARTICULAR?

Aqui é um bom lugar para discutir uma questão significativa. No capítulo anterior, salientamos que um número real com probabilidade um é algoritmicamente irredutível. Reais compressíveis algoritmicamente têm probabilidade zero. Assim sendo, por que é de algum interesse este **particular** real aleatório Ω?! Seguramente, existe um grande número deles!

Bem, ele é interessante por certo número de razões.

Primeiro de tudo, Ω nos liga ao famoso resultado de Turing; o problema da parada é insolúvel e a probabilidade de parada é aleatória! A insolubilidade algorítmica em um caso, e a aleatoriedade algorítmica ou a incompressibilidade, em outro. Portanto, os primeiros *N bits* de Ω nos fornecem um bocado de informação sobre casos particulares, individuais, do problema da parada.

Mas a principal razão pela qual Ω é interessante é a seguinte: Penetramos na infinitamente escura negritude dos reais aleatórios e pinçamos **um único** real aleatório! Eu não diria que podemos tocá-lo, mas podemos, por certo, apontá-lo diretamente. E é importante tornar essa obscuridade tangível exibindo um exemplo específico. Afinal de contas, por que devemos crer que a maioria das coisas possui certa propriedade se não podemos mostrar uma coisa específica dotada de tal propriedade?

(Por favor, queira notar, entretanto, que no caso dos reais não nomeáveis, que possuem também probabilidade um, nunca seremos capazes de pinçar um real individual não nomeável!)

COMPLEXIDADE, ALEATORIEDADE & INCOMPLETUDE

Eis outro modo de colocar a questão: Ω é violenta e maximamente incomputável, mas tem **quase** a aparência de computável. Encontra-se exatamente do outro lado da fronteira, entre aquilo que podemos lidar e coisas que transcendem nossas habilidades como matemáticos. Assim, ele serve para estabelecer uma nítida fronteira, traça na areia uma linha fina que não ousamos transpor, que **não podemos** cruzar!

E isto está também conectado com o fato de que podemos computar limites cada vez mais inferiores para Ω e que simplesmente não podemos jamais saber quão próximos estamos chegando de Ω.

Em outras palavras, para um resultado de incompletude ser realmente chocante a situação tem de ser como se estivéssemos a ponto de alcançar e tocar algo, como se nossos dedos fossem estapeados. Nós jamais poderemos ter tal coisa, mesmo se ela estivesse estendida de maneira atraente sobre a mesa de jantar, próxima de uma porção de outros pratos convidativos! Isto é muito mais frustrante e interessante que sermos informados de que não podemos ter alguma coisa ou fazer algo que nunca nos pareceu bastante concreto ou bastante pé no chão para que alguma vez se afigurasse como uma legítima possibilidade, em primeiro lugar!

QUAL É A MORAL DA HISTÓRIA?

Portanto, o mundo da verdade matemática tem complexidade infinita, muito embora qualquer sistema axiomático formal (SAF) dado possua apenas complexidade finita. De fato, mesmo que o mundo dos problemas diofantinos tenha complexidade infinita, nenhum SAF finito terá.

Acredito, pois, que não podemos nos prender a um único SAF, como pretendia Hilbert; precisamos continuar adicionando novos axiomas, novas regras de inferência, ou alguma outra espécie de nova informação matemática para os fundamentos de nossa teoria. Onde iremos conseguir material que não possa ser deduzido daquilo que já sabemos? Bem, não tenho certeza, mas penso que ele pode vir do mesmo lugar de onde os físicos obtêm suas novas equações: baseados na inspiração, na imaginação e nos experimentos – no caso da matemática, no computador e não no laboratório.

Assim sendo, esta é uma concepção "quase-empírica" de como fazer matemática, cujo termo foi cunhado por Lakatos em um artigo impresso na interessante coleção de Thomas Tymoczko, *New Directions in the Philosophy of Mathematics* (Novas Direções na Filosofia da Matemática). E isto encontra-se estritamente conectado à ideia da assim chamada "matemática experimental", que utiliza evidência computacional mais do que provas convencionais para "estabelecer" novas verdades. Esta metodologia de pesquisa, cujos benefícios são defendidos em uma obra de dois volumes de Borwein, Bailey e Girgensohn, pode ser, às vezes, não só **extremamente conveniente**, como os autores argumentam, porém, de fato, pode ser até **absolutamente necessária**, a fim de a matemática estar apta a progredir, apesar do fenômeno da incompletude...

Certo, esta é a **minha** abordagem da incompletude, e ela é bem diferente da de Gödel e Turing. A ideia principal é medir a complexidade ou o conteúdo de informação de um SAF pelo tamanho em *bits* do menor programa para gerar todos os teoremas. Uma vez feito isto, tudo o mais se segue. A partir deste *insight* inicial os desenvolvimentos são mais ou menos sistemáticos e mais ou menos diretos.

Sim, mas como Pólya pergunta incisivamente, "será que você pode ver tudo isso num relance?" De fato, julgo que se pode:

Nenhum processo mecânico (regras do jogo) pode ser realmente criativo, porque, em certo sentido, qualquer coisa que daí resulte já estava contida em seu ponto de partida. Significará isso que a aleatoriedade física, – o jogar uma moeda, alguma coisa não-mecânica – constitui a única fonte da criatividade?! Pelo menos, a partir deste (enormemente supersimplificado!) ponto de vista, é.

CONTRA O EGOTISMO

A história das ideias oferece muitas surpresas. Neste livro vimos que:

- A filosofia digital, ao que tudo indica, remonta a Leibniz, e a física digital, a Zenão.
- Minha definição de aleatoriedade via complexidade remonta a Leibniz.
- Meu número Ω remonta ao número real, que sabe tudo, de Borel. O número de Borel é também um exemplo do que Turing chamaria mais tarde de um real incomputável.
- A ideia principal de minha prova, que afirma sua impossibilidade de provar que um programa é elegante – na verdade, é a ideia básica de **todos** os meus resultados de incompletude –

remonta, ao que tudo indica, ao paradoxo da indefinibilidade-de-aleatoriedade de Borel.

Penso que estas observações devem servir como um antídoto para o excessivo egotismo, competitividade e lutas tolas sobre prioridade que envenenam a ciência. Nenhuma ideia científica traz em si apenas um único nome; elas são a produção conjunta das melhores mentes da raça humana a construir sobre os *insights* de uns e outros no curso da história.

E o fato de que tais ideias podem remontar até tão longe no passado, que os fios são tão compridos, não as enfraquece de modo algum. Ao contrário, dá-lhes mesmo maior significação.

Como o meu amigo Jacob T. Schwartz me contou um dia, que as catedrais medievais foram obra de muitas mãos – mãos anônimas – e demoraram vidas inteiras para serem construídas. E Schwartz se deleitava citando um famoso médico daquele período que disse acerca de um paciente, "Eu o tratei, e Deus o curou!" Penso que esta é também a atitude correta a ser adotada na ciência da matemática.

SEIS

CONCLUSÃO

Como você sem dúvida percebeu, este é realmente um livro sobre filosofia, e não apenas um livro de matemática. E, como Leibniz diz na citação transcrita no início desta obra, a matemática e a filosofia são inseparáveis.

Entre os grandes filósofos, unicamente Pitágoras e Leibniz foram grandes matemáticos. De fato, Pitágoras, embora perdido nas brumas do tempo, recebe o crédito de ter inventado a filosofia e a matemática, além de haver criado as **palavras** "filosofia" e "matemática". No tocante a Leibniz, ele é o que os alemães denominam um *Universalgenie*, um gênio universal, interessado em tudo; e se estava interessado em algo, sempre vinha com uma importante ideia nova, sempre fazia uma boa sugestão.

Desde Leibniz, talvez Poincaré, apenas, foi um pouco assim. Ele foi bastante filósofo para apresentar uma versão da relatividade antes de Einstein, e seus populares livros de ensaios estavam repletos de observações filosóficas, e continuam sendo publicados.

Leibniz usou a palavra "transcendental", como nas curvas transcendentais, nos números, nos métodos etc., deliberadamente, pensando na transcendência de Deus em relação a todas as coisas humanas, o que também inspirou Cantor a desenvolver sua teoria das magnitudes infinitas. No fim de contas, a matemática lida com o mundo das ideias, o qual transcende o mundo real. E quanto a "Deus", você pode entender as leis do universo, como Einstein o fez, ou o mundo inteiro, como Spinoza, mas isto não muda a mensagem.

O tópico do monoteísmo e do politeísmo é também pertinente aqui. Eu amo a complexidade e a sofisticação da cozinha vegetariana do sul da Índia, e minha casa está decorada com tecidos e esculturas hindus – e muito mais. Eu admiro o *Mahabharata* de Peter Brook, que claramente traz à tona a imensa profundidade filosófica deste épico.

Mas a minha personalidade intelectual é resolutamente monoteísta. Por que digo que minha personalidade é monoteísta? Eu só posso entender isso em um sentido, sobretudo, abstrato: de que estou sempre buscando ideias simples, unificadoras, mais do que me ufanando intelectualmente de assuntos "de caráter politeísta" como a biologia, em que há uma rica tapeçaria de fatos extremamente complicados e resistentes à tentativa de serem reduzidos a algumas poucas e simples ideias.

Olhemos para os SAF de Hilbert. Eles falharam miseravelmente. Não obstante, o formalismo tem sido um brilhante sucesso neste século que passou, mas não na matemática, não na filosofia, e sim na tecnologia dos computadores, como *software*, como linguagens de programação. Ele funciona para máquinas, mas não para nós[1]!

Vejam só os três tomos do *opus magnum* de Bertrand Russell (com White-

---

[1] Os matemáticos deste século cometeram, apesar de tudo, o erro fatal de eliminar gradualmente todas as palavras de seus artigos. Isto é uma outra história, que prefiro não discutir aqui, a bourbakização da matemática do século XX.

SEIS
CONCLUSÃO

head), *Principia Mathematica*, que conservo em meu escritório na IBM. Um volume inteiro cheio de fórmulas para provar que 1 + 1 = 2! E pelos padrões modernos, o sistema axiomático formal ali usado é inadequado; não é suficientemente formal! Não é de se admirar que Poincaré tenha depreciado isso como uma espécie de loucura!

Mas acho que constitui um interessante exercício filosófico/intelectual refutar essa insanidade de maneira tão convincente quanto possível; de algum modo eu acabei gastando minha vida com isso!

Por certo, o formalismo se ajusta ao *zeitgeist* do século XX: nada tem sentido, artigos técnicos nunca deveriam discutir ideias, somente apresentar os fatos! Uma regra à qual eu dei tudo de mim para ignorar. Como diz Vladimir Tasić em seu livro, *Mathematics and the Roots of Postmodern Thought* (Matemática e a Origem do Pensamento Pós-Moderno), uma grande parte da filosofia do século XX parece enamorada do formalismo e percebe que Gödel lhe puxou o tapete e, portanto, a verdade é relativa – ou, como ele coloca, isto **poderia** ter acontecido deste modo. Tasić apresenta o pensamento do século XX como, de fato, um diálogo entre Hilbert e Poincaré... Mas, que a verdade seja relativa, **não** é uma conclusão correta. A conclusão correta é que Hilbert estava errado e Poincaré, certo: a intuição não pode ser eliminada da matemática ou do pensamento humano em geral. E nem tudo nele é igual, todas as intuições não são igualmente válidas. A verdade **não** é reinventada em cada cultura ou em cada geração; ela não é meramente uma questão de moda.

Permita-me repetir: sistemas axiomáticos formais constituem um malogro! Algoritmos que provam teoremas **não funcionam**.

Eles podem ser objetos de artigos, mas provam apenas teoremas triviais. E nas histórias dos casos que aparecem neste livro, vimos que a essência da matemática reside na sua criatividade, no trabalho de imaginar novos conceitos, em modificar pontos de vista, em não ficar estúpida e mecanicamente "torrando" para deduzir todas as possíveis consequências de um conjunto fixo de regras e ideias.

De forma similar, provar a correção de um *software* usando métodos formais não tem futuro. A correção de erros de computador é feita experimentalmente por tentativa e erro. E gerenciadores precavidos insistem em rodar um novo sistema em paralelo com o velho, até acreditarem que o novo sistema funciona. Exceto – foi o que fizemos em um maravilhoso projeto na IBM – no caso de ficar comendo repetidamente o seu próprio cozido.

Nós estávamos rodando constantemente a última versão de nosso *software*, compilando constantemente nosso compilador otimizante, através dele mesmo. Pelo fato de nós mesmos o usarmos constantemente, obtínhamos um *feedback* instantâneo acerca do desempenho e do projeto, que evoluía constantemente. Em minha opinião, esta é a única maneira de desenvolver uma grande porção de *software*: uma abordagem de cima para baixo, totalitária, não pode funcionar. Você tem de projetá-la à medida que você caminha, não logo no início, antes de ter escrito uma única linha de código.

E eu sinto que minha experiência do mundo real, no tocante à correção de *software*, produz uma valiosa lição filosófica: A experimentação é o único meio de "provar" que o *software* é correto. As provas matemáticas tradicionais são possíveis unicamente em mundos simplificados e não no mundo real. O mundo real é complicado demais. Um físico diria isto mais ou menos assim: A matemática pura só pode lidar com o átomo de hidro-

SEIS
CONCLUSÃO

gênio um próton, um elétron, é só! A concepção quase-empírica da matemática pode ser de natureza controversa na comunidade matemática, mas é um chapéu velho no negócio do *software*. Os programadores já têm uma atitude quase-empírica para com a prova. Ainda que o *software* seja pura matéria mental, não física, os programadores comportam-se como físicos, e não como matemáticos, quando se trata de corrigir.

De outro lado, uma via para minimizar o problema da correção é tentar, a todo custo, manter o *software* intelectualmente manipulável, como foi ilustrado por minha discussão a respeito da LISP. Em nosso projeto, na IBM, fiz isso reescrevendo todo o meu código, a partir do armazenamento transitório, cada vez que eu avançava no meu entendimento do problema. Recusava-me a usar um código *ad hoc* e tentei, em vez disso, basear tudo, tanto quanto possível, em algoritmos matemáticos limpos e sistemáticos. Minha meta era de uma clareza cristalina. Em minha opinião, o que mais conta em um projeto é a integridade conceitual – ser fiel a uma ideia e não confundir a questão!

O parágrafo anterior é muito pró-matemático. Entretanto, meu projeto evoluiu – como afirmei – baseado em experimentos no computador, e o método experimental é utilizado por físicos, não por matemáticos. Não é nada bom que matemáticos pensem desse modo acerca da experimentação!

Lembre-se, acho que a matemática não é tão diferente da física, pois devemos estar dispostos a acrescentar novos axiomas:

Física: leis → Computador → universo
Mat.: axiomas → Computador → teoremas

Para se obter mais fora, é preciso pôr mais dentro!

Outra lição que eu gostaria de tirar desse livro é que tudo está conectado, todas as ideias importantes também estão – e que problemas fundamentais remontam a milênios e **nunca** são resolvidos. Por exemplo, a tensão entre o contínuo e o discreto, ou a tensão entre o mundo das ideias (matemática!) e o mundo real (física, biologia). Você pode encontrar tudo isso discutido na Grécia antiga. E suspeito que nos seria até possível remontar à antiga Suméria, se tivesse restado mais da matemática sumeriana do que anotações de rascunho nas tabuínhas de argila, que é tudo quanto dispomos, embora se trate de apontamentos que fornecem indícios de métodos surpreendentemente sofisticados e de um amor pelo cálculo que parece ultrapassar de longe qualquer possível aplicação prática[2].

DA CRIATIVIDADE

Havendo enfatizado e reenfatizado a importância da criatividade, seria bom se eu tivesse uma teoria a esse respeito. Não tenho, mas **tenho** certa experiência em ser criativo. Portanto, vou tentar partilhar isso com você.

A mensagem da incompletude de Gödel – como afirmei repetidas vezes nesse livro – é que um sistema axiomático formal (SAF) fixo e estático não

[2] Será que a Suméria herdou sua matemática de uma civilização mais **antiga** – uma civilização mais avançada do que a dos antigos gregos – que foi destruída pelas geleiras, ou quando as geleiras de súbito se derreteram, ou por alguma outra catástrofe natural? Não há como pensar que técnicas computacionais tão sofisticadas tenham surgido a partir do nada, sem antecedentes.

SEIS
CONCLUSÃO

pode funcionar. Você precisa adicionar novas informações, novos axiomas, novos conceitos. A matemática está constantemente evoluindo. O problema com a metamatemática corrente é que ela só lida e refuta SAF's estáticos. Assim sendo, de onde proviriam novas ideias matemáticas? Será que podemos ter uma teoria acerca disto? Uma concepção dinâmica, mais do que estática, da matemática, uma espécie de SAF dinâmico, talvez?

Uma vez que eu não disponho dessa teoria, penso que uma abordagem anedótica poderia ser a melhor opção. Este livro está cheio de casos espantosos a respeito de novas e inesperadas ideias matemáticas que reduzem o complicado ao óbvio. E, eu mesmo cheguei a algumas dessas ideias. Qual a impressão que fica quando se faz isso?

Bem, você não pode encontrá-las se não procurá-las, se você não **acredita realmente** nelas.

Haverá algum modo para treinar isso como se fosse um esporte?! Não, não penso que haja! Você precisa ser possuído por um demônio, e nossa sociedade não quer que muita gente seja assim!

Permita-me que eu descreva como estou me sentindo aqui, agora, enquanto escrevo este livro.

Antes de tudo, as ideias que estou discutindo me parecem muito concretas, reais e tangíveis. Às vezes me dão a sensação de serem mais reais do que as pessoas ao meu redor. Elas me dão uma sensação mais real do que os jornais, os *shopping centers* e os programas de tevê – estes sempre me despertam um tremendo sentimento de **irrealidade**! De fato, eu só me sinto realmente vivo quando estou trabalhando sobre uma nova ideia, quando estou fazendo amor com uma mulher (que é também trabalhar sobre uma nova ideia, a criança que podemos conceber), ou quando estou escalando uma montanha! É intenso, muito intenso.

Quando estou trabalhando sobre uma nova ideia, afasto qualquer outra coisa do caminho. Paro de nadar de manhã. Não pago as minhas contas, cancelo as consultas médicas. Como já disse, tudo o mais se torna irreal! E não preciso forçar-me para assim proceder.

Ao contrário, é pura sensualidade, puro prazer. Eu coloco belas ideias novas na mesma categoria das belas mulheres e das belas artes. Para mim, trata-se de uma maravilhosa cozinha étnica nunca saboreada por mim antes.

Eu não estou me privando de nada, não sou um asceta. Não pareço um asceta, não é?

E você não pode forçar-se a fazê-lo, não mais do que um homem pode forçar-se a fazer amor com uma mulher que não deseja.

Os bons momentos são muito, muito bons! Às vezes, quando escrevo isso, não sei de onde vêm as ideias. Penso que não pode ser de mim mesmo, que sou apenas um canal para as ideias que desejam ser expressas. Mas, **tenho** me concentrado nessas questões há muito tempo. Sinto-me inspirado, energizado pelas ideias. As pessoas podem achar que algo está errado comigo, mas eu estou bem. Estou muito mais do que bem. É puro entusiasmo! E entusiasmo quer dizer "Deus está dentro" em grego. Júbilo intelectual – é como ter alcançado um elevado pico!

Sou um crente maior ainda no subconsciente, em ficar dormindo nele, em ir para a cama às três ou às cinco da madrugada, após trabalhar a noite toda, e depois acordar na manhã seguinte cheio de novas ideias; ideias que chegam em ondas, enquanto você está tomando banho ou tomando café. Ou nadando de uma

SEIS
CONCLUSÃO

ponta a outra numa raia. Assim, as manhãs são muito importantes para mim, e prefiro passá-las em casa. Digitação de rotina e os e-mails, eu prefiro fazê-los no escritório, não em casa. E quando fico muito cansado para permanecer no escritório, então imprimo a versão final do capítulo que estou elaborando e levo-a para casa – onde **não** há computador – e fico na cama durante horas lendo-a, pensando a seu respeito, efetuando correções, acrescentando coisas.

Às vezes, o melhor de tudo é ficar deitado na cama, no escuro, com os olhos fechados, num estado meio sonolento, meio desperto, num estado que parece tornar mais fácil a emersão de novas ideias ou novas combinações de ideias. Penso no subconsciente como uma sopa química a produzir constantemente novas combinações, e interessantes combinações de ideias que se colam e, finalmente, se coam em plena consciência. Isto não é muito diferente de uma população biológica em que indivíduos, atraídos por amor, se combinam para produzir novos indivíduos. Minha hipótese é que toda essa atividade ocorre em nível molecular – como o DNA e o armazenamento de informações no sistema imunológico – e não em nível celular. Daí por que o cérebro é **tão poderoso**, porque aí é onde o processo de informação efetivo ocorre em nível molecular. O nível celular é o próprio fim…

Sim, creio nas ideias, no poder de imaginação e de novas ideias. E eu não acredito em dinheiro ou nas concepções da maioria ou no consenso. Mesmo se tudo em que você está interessado seja o dinheiro, creio que novas ideias sejam vitais a longo prazo, que é a razão pela qual uma empresa como a IBM tem uma Divisão de Pesquisa e vem apoiando o meu trabalho há tanto tempo. Muito obrigado IBM!

Julgo que isso se aplica também à sociedade humana.

Penso que o *Zeitgeist* corrente é muito perigoso, porque as pessoas realmente desejam desesperadamente que suas existências sejam significativas. Por isso precisam ser criativas, têm necessidade de ajudar os outros, de fazer parte de uma comunidade, de serem exploradores corajosos, tudo o que a vida tribal proporciona. Daí por que muito da arte em minha casa provém das assim chamadas culturas "primitivas", como a da África.

Assim, você não ficará surpreso ao saber que, a meu ver, necessitamos também desesperadamente de novas ideias sobre como a sociedade humana deve ser organizada, sobre e para que serve tudo que há nela e como viver.

Quando eu era criança, li uma história de ficção científica de Chad Oliver. Ele era um antropólogo (do grego *anthropos* = ser humano) e não alguém interessado em *hardware* ou em naves espaciais, mas no que estava acontecendo dentro, na alma humana.

O título do relato era *Election Day* (Dia de Eleição), e versava sobre uma típica família americana, composta de um pai dedicado ao trabalho, a mãe, uma dona de casa, e de dois filhos, um menino e uma menina. Passava-se nos anos de 1950, lembre-se! Tudo parecia normal, até você ficar sabendo que o pai estava concorrendo a um cargo; na realidade, não era ele próprio um candidato, não, ele tinha criado um sistema social. A eleição não estava elegendo pessoas, mas sim o próximo sistema social. E essa não era efetivamente a América dos anos de 1950, eles haviam votado por esse modo de viver durante algum tempo, depois iriam mudar e tentar um sistema diferente, imediatamente, logo após o dia da eleição!

Que ideia notável!

SEIS
CONCLUSÃO

E é disso, penso eu, que nós necessitamos desesperadamente: Marcantes ideias novas! Mudanças de paradigmas! Significado, intuição, criatividade! Precisamos reinventar-nos a nós mesmos!

Muito obrigado por terem lido esse livro e por terem empreendido essa viagem comigo!

LENDO UMA NOTA NA REVISTA NATURE EU SOUBE

por Robert M. Chute

Ômega, como Ômega, e Números Reais Aleatórios
    Computacionalmente Enumeráveis podem ser todos
        uma única classe.

Deveria eu estar preocupado? Será este o signo
    de uma fatal linha defeituosa
        na lógica de nosso mundo?

Você não deveria preocupar-se, me é dito,
    com tais coisas, mas como ser indiferente
        se você não entende?

Parados aqui, nós não percebemos
    qualquer rearranjo tectônico
        debaixo de nossos pés.

Apesar de tal tranquilização eu sinto
    crescente in-cômodo. A aleatoriedade está crescendo
        à volta de meus joelhos.

Lembre-se como nos sentimos quando soubemos
    que uma infinidade
        poderia conter outra?

Algures entre o não alcansável
    e o invisível
        eu esperava por uma resposta[1].

---

[1] Do *Beloit Poetry Journal*, primavera de 2000 (v. 50, n. 3, p. 8). A nota no *Nature* em questão é de C. S. Calude, G. J. Chaitin, Randomness Everywhere, *Nature*, 22 de julho de 1999 (v. 400, p. 319-320).

POEMA MATEMÁTICO

por Marion D. Cohen[2]

Alguém escreveu um livro chamado *A Alegria da Matemática*.
Talvez eu escreva um livro chamado *O Pathos da Matemática*.
Pois, através da noite eu perambulei
entre a intuição e o cálculo
entre exemplos e contraexemplos
entre o próprio problema e aquilo a que ele levou.
Encontro casos especiais sem vértices determinantes.
Encontro casos especiais só com vértices determinantes.
Eu tramo para dentro e para fora.
Eu balanço para cá e para lá.
Eu sou o errante
com um lema em cada porto.

---

[2] Da sua coleção de poesia matemática *Crossing the Iqual Sign*, em http://mathwoman.com. Publicado originalmente no *American Mathematical Monthly* de abril de 1999.

INDICAÇÃO DE LEITURA

LEITURAS AUXILIARES – LIVROS/JOGOS/MUSICAIS – SOBRE TÓPICOS RELACIONADOS

Em vez de proporcionar uma bibliografia infinitamente longa, decidi concentrá-la mais sobre as recentes publicações que cativaram meu olhar

Stephen Wolfram. *A New Kind of Science,* Wolfram Media, 2002. (Um livro preocupado com vários tópicos aqui discutidos, mas com um ponto de vista inteiramente diferente)

Joshua Rosenbloom e Joanne Sydney Lesser. *Fermat's Last Tango. A New Musical.* New York City, York Theatre Company, 2000. CD: Original Cast Records OC-6010, 2001. DVD: Clay Mathematics Institute, 2001. (Uma peça humorística que apresenta um matemático obcecado com a matemática.)

David Foster Wallace. *Everything and More: A Compact History of Infinity.* Norton, 2003. (Um escritor americano interessado pela matemática.)

Dietmar Dath. *Höhenrausch. Die Mathematik des XX Jahrhunderts in zwanzig Gehirnen.* Eichborn, 2003. (A reação de um escritor alemão à matemática moderna e aos modernos matemáticos.)

John L. Casti. *The One True Platonic Heaven. A Scientific Fiction on the Limits of Knowledge.* Joseph Henry Press, 2003. (Gödel, Einstein e von Neumann no Instituto de Estudos Avançados de Princeton.)

Apostolos Doxiadis. *Incompleteness, A Play and a Theorem.* http://www.apostolosdoxiadis.com. (Uma peça sobre Gödel do autor de *Uncle Petros and Goldbach's Conjecture.*)

Mary Terall. *The Man Who Flattened the Earth. Maupertuis and the Sciences in the Enlightenment.* University of Chicago Press, 2002. (Newton x Leibniz, a geração subsequente; um retrato de uma época.)

Isabelle Stengers. *La Guerre des sciences aura-t-elle lieu? Scientifiction,* Les Empêcheurs de penser em rond-Le Seuil, 2001. (Uma peça sobre Newton x Leibniz.)

Carl Djerassi e David Pinner. *Newton's Darkness. Two Dramatic Views.* Imperial College Press, 2003. (duas peças, uma sobre Newton x Leibniz.)

Neal Stephenson. *Quicksilver.* Morrow, 2003. (Uma ficção científica sobre Newton x Leibniz, v. 1 de 3.)

David Ruelle. *Chance and Chaos.* Princeton Science Library, Princeton University Press, 1993. (Um médico tomado pela aleatoriedade.)

Cristian S. Calude. *Information and Randomness.* Springer-Verlag, 2002. (Um matemático tomado pela aleatoriedade.)

James D. Watson; Andrew Berry. *DNA; The Secret of Life.* Knopf, 2003. (O papel da informação na biologia.)

Tom Siegfried. *The Bit and the Pendulum. From Quantum Computing to M Theory – The New Physics of Information,* Wiley, 2000. (O papel da informação na física.)

Tor Nørretranders. *The User Illusion, Cutting Consciousness Down to Size.* Viking, 1998. (Teoria da informação e a mente.)

Hans Christian von Baeyer. *Information: The New Language of Science.* Weidenfeld & Nicholson, 2003.

Marcus du Sautoy. *The Music of the Primes: Searching to Solve the Greatest Mystery in Mathematics.* HarperCollins, 2003. (Da recente safra de livros acerca da hipótese de Reimann; este é o único que considera a possiblidade de que a Incompletude de Gödel possa ser aplicada.)

Douglas S. Robertson. *The New Renaissance: Computers and the Next Level of Civilization*. Oxford University Press, 1998.

_____. *Phase Change: The Computer Revolution in Science and Mathematics*. Oxford University Press, 2003. (Estes dois livros de Robertson discutem a revolucionária transformação social provocada pelo desenvolvimento da tecnologia da transmissão de informação.)

John Maynard Smith; Eörs Szathmáry. *The Major Transitions in Evolution*. Oxford University Press, 1998.

_____. *The Origins of Life: From the Birth of Life to the Origin of Language*, Oxford University Press, 1999. (Estes dois livros de Maynard Smity e Szathmáry discutem o progresso evolucionário em termos de desenvolvimentos radicais na representação da informação biológica.)

John D. Barrow; Paul C. W. Davies; Charles L. Harper Jr. *Science and Ultimate Reality: Quantum Theory, Cosmology, and Complexity*. Cambridge University Press, 2004. (Ensaio em homenagem a John Wheeler.)

Gregory J. Chaitin. *Conversations with a Mathematician*. Springer-Verlag, 2002. (Livro anterior do autor deste livro.)

Robert Wright. *Three Scientists and Their Gods: Looking for Meaning in an Age of Information*. HarperCollins, 1989. (Sobre a tese de Fredkin de que o universo é um computador.)

Jonathan M. Borwein e David H. Bailey, *Mathematics by Experiment: Plausible Reasoning in the 21st Century*. A. K. Peters, 2004. (Como descobrir a nova matemática, v. 1 de 2.)

Vladimir Tasić. *Mathematics and the Roots of Postmodern Thought*. Oxford University Press, 2001. (Onde aprendi sobre o número sabe-tudo de Borel.)

Thomas Tymoczko. *New Directions in the Philosophy of Mathematics*. Princeton University Press, 1998.

Newton C. A. da Costa e Steven French, *Science and Partial Truth*. Oxford University Press, 2003.

Eric B. Baum. *What Is Thought?* MIT Press, 2004.

APÊNDICE I

COMPUTADORES, PARADOXOS E OS FUDAMENTOS DA MATEMÁTICA

> Alguns grandes pensadores do século xx mostraram que, no austero mundo da matemática, a incompletude e a aleatoriedade estão se alastrando.
>
> do *American Scientist*,
> março-abril de 2002, p. 164-171

Todo mundo sabe que o computador é uma coisa muito prática. Com efeito, os computadores tornaram-se indispensáveis para o funcionamento da sociedade moderna. Mas, o que até peritos em computador não se lembram é que – eu exagero, apenas ligeiramente – o computador foi inventado a fim de ajudar a esclarecer uma questão filosófica acerca dos fundamentos da matemática. Surpreendente? Sim, de fato.

Esta espantosa história começa com David Hilbert, um bem conhecido matemático alemão que, no início do século xx, propôs formalizar completamente todo raciocínio matemático.

Verificou-se que não se pode formalizar o raciocínio matemático, de modo que, em um sentido, a ideia de Hilbert foi um tremendo fracasso. No entanto, de outro lado, esta ideia constituiu um sucesso, porque o formalismo tem sido uma das maiores bênçãos do nosso tempo – não para a dedução ou raciocínio matemáticos, mas para a programação, para o cálculo e para a computação. Esta é uma peça esquecida da história intelectual.

Vou relatá-la aqui sem sondar pormenores matemáticos. Assim, será impossível explicar plenamente o trabalho de relevantes contribuintes que incluem Bertrand Russell, Kurt Gödel e Alan Turing. Ainda assim, um leitor paciente deve ser capaz de respigar a essência de seus argumentos e ver o que inspirou algumas de minhas próprias ideias acerca da aleatoriedade inerente à matemática.

PARADOXOS LÓGICOS DE RUSSELL

Quero começar por Bertrand Russell, um matemático que mais tarde se converteu em filósofo e por fim em humanista. Russell é a chave por ter detectado alguns paradoxos perturbadores na própria lógica. Isto é, ele descobriu casos em que raciocínios, que parecem perfeitos, levam a contradições. Russell exerceu tremenda influência na difusão da ideia segundo a qual tais contradições constituíam uma crise muito séria e tinham de ser resolvidas de alguma maneira.

Os paradoxos por ele apontados atraíram grande atenção dos círculos matemáticos; no entanto, estranhamente, apenas um deles acabou levando o seu nome. Para compreender o paradoxo de Russell, considere o conjunto de todos os conjuntos que não são membros de si próprios. Depois pergunte: "Será esse conjunto membro de si próprio?" Se for, não deveria ser, e vice-versa.

O conjunto de todos os conjuntos no paradoxo de Russell é como o barbeiro em uma pequena e remota cidadezinha, que faz a barba de todos os homens que não se barbeiam sozinhos. Essa descrição parece bastante razoável, até você perguntar: "Será que o barbeiro barbeia a si próprio?" Ele barbeia a si próprio se, e somente se, ele não se barbeia. Agora, você pode dizer: "Quem se importa com esse barbeiro hipotético? Isto não passa de um tolo jogo de palavras!" Mas quando você está lidando com o conceito matemático de conjunto, não é tão fácil pôr de lado um problema lógico.

O paradoxo de Russell é um eco na teoria de conjuntos de um paradoxo anterior já conhecido pelos antigos gregos. Ele é, com frequência, chamado de paradoxo de Epimênides ou de paradoxo do mentiroso. A essência do problema é a seguinte: Dizem que Epimênides teria exclamado: "Esta declaração é falsa!" É falsa? Se a sua declaração for falsa, isto não significará que ela deva ser verdadeira. Mas se for verdadeira, ela será falsa. Assim, qualquer que seja a posição assumida por você sobre a veracidade da assertiva, você estará em apuros. Uma versão em duas sentenças do paradoxo reza: "A declaração seguinte é verdadeira. A declaração precedente é falsa". Ambas as declarações, cada uma por si, estão em ordem, mas combinadas não fazem sentido. Você poderia rejeitar tais charadas como sendo jogos de palavras, sem nexo, mas algumas das grandes cabeças do século XX levaram-nas muito a sério.

Uma das reações à crise da lógica foi a tentativa de Hilbert de escapar para o formalismo. Se alguém fica em apuros com o raciocínio que parece bom, a solução se acha no uso da lógica simbólica para criar uma linguagem artificial e ser muito cuidadoso na especificação das regras, de modo que as contradições não germinem. No fim de contas, a linguagem quotidiana é ambígua – você nunca sabe a quem um pronome se refere.

O PLANO DE RESGATE DE HILBERT

Era ideia de Hilbert criar uma linguagem artificial perfeita para raciocinar, fazer matemática e deduzir. Em consequência, ele acentuou a importância do método axiomático, pelo qual a gente trabalha a partir de um conjunto básico de postulados (axiomas) e de regras bem definidas de dedução para derivar teoremas válidos. A ideia de fazer matemática dessa maneira remonta aos antigos gregos e, particularmente, a Euclides e à sua geometria, que é um belíssimo e claro sistema matemático.

Em outras palavras, a intenção de Hilbert era a de ser completamente preciso acerca das regras do jogo – das definições, dos conceitos elementares, da gramática e da linguagem – de maneira que qualquer pessoa pudesse concordar, quanto ao modo como a matemática deveria ser feita. Na prática, demandaria muito trabalho o emprego de semelhante sistema axiomático formal para desenvolver novas matemáticas, porém seria filosoficamente significativo.

A proposta de Hilbert pareceu bastante direta. Afinal, ele estava seguindo apenas as tradições formais da matemática, construindo a partir de uma longa história de trabalhos realizados por Leibniz, Boole, Frege e Peano. Porém ele desejava trilhar todo o caminho até o efetivo fim e formalizar *tudo* na matemática. A grande surpresa foi a verificação de que isso não poderia ser feito. Hilbert estava equivocado – mas equivocado de uma maneira tremendamente fecunda, porque ele havia proposto uma excelente pergunta. De fato, ao efetuar essa pergunta, ele criou uma disciplina inteiramente nova, chamada *metamatemática*, um campo introspectivo da matemática no qual você estuda o que a matemática pode ou não alcançar.

O conceito básico é o seguinte: Tão logo você enterra a matemática numa linguagem artificial *à la* Hilbert, fica estabelecido um sistema axiomático completamente formal; e então você pode esquecer que ele tenha qualquer significado e encará-lo como uma partida disputada com marcas sobre papel que capacitam-no a deduzir teoremas a partir de axiomas. Por certo, a razão pela qual se faz matemática é porque ela tem significado. Mas se você quer estar em condições de estudar matemática usando métodos matemáticos, você é obrigado a cristalizar o significado e examinar apenas uma linguagem artificial com regras completamente precisas.

Que tipo de questões você poderia propor? Bem, uma delas é se é possível provar, digamos, que $0 = 1$ (espero que não). De fato, para qualquer enunciado, chame-o A; você pode perguntar se é possível provar A ou o oposto de A. Um sistema axiomático formal é considerado completo se você puder demonstrar que A é verdadeiro ou falso.

Hilbert tinha em vista criar regras tão precisas que qualquer prova poderia sempre ser submetida a um árbitro imparcial, um procedimento mecânico que diria, "Esta prova obedece às regras", ou talvez "Na linha quatro há um erro de má soletração" ou "Esta coisa, na linha quatro, que supostamente segue da linha três, na realidade não o faz". E isto seria o fim: sem apelação.

A ideia de Hilbert não era que a matemática devesse efetivamente ser realizada desse modo, mas, antes, que você pudesse pegar a matemática e fazer isso desse modo. Você poderia então usar a matemática para estudar o poder da matemática. E Hilbert pensou ser capaz, na realidade, de levar a termo este feito. Você pode, pois, imaginar quão chocante foi, em 1931, quando o matemático austríaco chamado Kurt Gödel provou que o plano de resgate concebido por Hilbert não era, de modo algum, razoável. Ele não poderia nunca ser executado, mesmo em princípio.

A INCOMPLETUDE DE GÖDEL

Gödel estilhaçou a visão de Hilbert, em 1931, enquanto cursava a universidade de Viena, embora por origem procedesse da atual República Tcheca, da cidade de Brno (esta, quando ele nasceu, fazia parte do império austro-húngaro). Mais tarde, Gödel se juntaria a Einstein no Institute of Advanced Study, em Princenton.

A surpreendente descoberta de Gödel é que Hilbert estava absolutamente errado: Não há, de fato, meio de se ter um sistema axiomático formal para tudo na matemática, na qual seja cristalinamente claro se algo está correto ou não. Mais precisamente, o que Gödel descobriu é que o plano malogra mesmo se você tenta apenas lidar com a aritmética elementar, com os números 0, 1, 2, 3, ... e com a adição e a multiplicação.

Qualquer sistema formal, que tente conter toda a verdade e nada mais do que a verdade acerca da adição, da multiplicação e dos números 0, 1, 2, 3, ..., terá de ser incompleto. Na realidade, ele será inconsistente ou incompleto. Assim, se você assumir que ele, e somente ele, diz a verdade, então ele não lhe dirá toda a verdade. Em particular, se você supuser que os axiomas e as regras de dedução não lhe permitem provar falsos teoremas, então haverá teoremas verdadeiros que você não poderá demonstrar.

A prova da incompletude de Gödel é muito sagaz. É extremamente paradoxal. Parece quase louca. Gödel começa, de fato, com o paradoxo do mentiroso: a declaração, "Eu sou falso!", que não é nem verdadeira, nem falsa. Na realidade, o que Gödel faz é construir uma proposição que diz de si própria: "Eu sou não comprovável!" Pois bem, se você puder construir tal declaração na teoria elementar dos números, na aritmética, um enunciado matemático que descreva a si mesmo, você deve ser muito inteligente – mas se você *puder* fazê-lo, será fácil ver que você estará em apuros. Por quê? Porque se este enunciado for comprovável, ele será necessariamente falso, e você estará provando resultados falsos. Se ele for não comprovável, como ele o afirma a respeito de si mesmo, então o enunciado será verdadeiro e a matemática, incompleta.

A prova de Gödel envolve muitos detalhes técnicos e complicados. Mas se você der uma espiada no artigo original, deparar-se-á com algo que se afigura um bocado como se nele estivesse programado a LISP. Isto ocorre porque a prova de Gödel implica definir recursivamente, por recorrência, um grande número de funções que lidam com listas – precisamente sobre o que versa a

LISP. Assim, muito embora não existissem computadores ou linguagens de computação em 1931, você pode divisar claramente, como benefício de uma compreensão retrospectiva, uma linguagem de programação no cerne do artigo original de Gödel.

Outro matemático famoso dessa época foi John von Neumann (diga-se de passagem, ele colaborou e encorajou a criação da tecnologia do computador nos Estados Unidos), que valorizou desde logo o *insight* de Gödel. Nunca havia ocorrido a von Neumann que o plano de Hilbert fosse falho. De modo que Gödel não foi apenas tremendamente inteligente, como, indo além, teve a coragem de imaginar a possibilidade de Hilbert estar errado.

Muita gente avaliou a conclusão de Gödel como algo absolutamente devastador: Toda a filosofia da matemática tradicional esboroava-se. Entretanto, em 1931, havia alguns outros problemas que causavam preocupação na Europa. Reinava uma depressão econômica e uma guerra estava sendo fermentada.

A MÁQUINA DE TURING

O próximo passo de maior relevância foi dado cinco anos mais tarde, na Inglaterra, quando Alan Turing descobriu a incomputabilidade. Lembre-se que Hilbert dissera que deveria haver um "procedimento mecânico" para decidir se uma prova obedece ou não às regras. Ele nunca esclareceu o que pretendia dizer com a expressão "procedimento mecânico". Turing, em essência, declarou: "O que você realmente pretende dizer é máquina" (Uma máquina do tipo que denominamos máquina de Turing).

O artigo original de Turing contém uma linguagem de programação, assim como o artigo de Gödel, ou como aquilo que chamaríamos agora de linguagem de programação. Mas estas duas linguagens de programação são muito diferentes. A de Turing não é uma linguagem de alto nível como é a LISP; ela é mais parecida com uma linguagem de máquina, o código cru de uns e zeros (1's e 0's) fornecidos a um processador central de computador. A invenção de Turing de 1936 constitui, de fato, uma horrível linguagem de máquina, que ninguém desejaria utilizar hoje em dia, por ser demasiado rudimentar.

Embora as hipotéticas máquinas computadoras de Turing sejam muito simples, e sua linguagem de máquina, sobretudo, primitiva, elas são muito flexíveis. Em seu artigo de 1936, Turing pretende que tal máquina deveria ser capaz de executar qualquer computação que um ser humano possa levar a cabo.

O curso do pensamento de Turing toma uma direção muito dramática. O que é *impossível*, pergunta ele, para uma máquina assim? O que pode ela fazer? E ele, imediatamente, encontra um problema que nenhuma máquina de Turing pode solucionar: o problema da parada. Esta é a questão que implica decidir de antemão se uma máquina de Turing (ou um programa de computador) há de encontrar finalmente sua desejada solução e se deter.

Se você concede um tempo limite, torna-se muito fácil resolver esse problema. Digamos que você queira saber se um programa vai se deter dentro de um ano. Então você se limita a rodá-lo durante um ano, e ele ou para ou não para. O que Turing demonstrou é que você cai numa terrível dificuldade se não lhe impuser limite de tempo, se tentar deduzir se um programa há de se deter sem simplesmente pô-lo para rodar.

Permita-me delinear o raciocínio de Turing: Suponha a *possibilidade* de você escrever um programa de computador que cheque se um programa qualquer de computador finalmente irá se deter. Denomine-o testador de finalização. Em teoria, você o alimenta com um programa e ele cospe uma resposta: "Sim, este programa vai ter um final", ou "Não, ele vai continuar girando suas rodas em algum *loop* infinito e nunca chegará a se deter". Agora, crie um segundo programa que utilize o testador de finalização para avaliar algum programa. Se o programa sob investigação termina, arranje o seu novo programa de modo que ele entre em um *loop* infinito. Aqui entra a parte mais sutil: Alimente seu novo programa com uma cópia dele próprio. O que faz ele?

Lembre-se, você escreveu esse novo programa de tal maneira que ele entrará em um *loop* infinito se o programa em teste terminar. Mas, aqui, é *ele próprio* o programa que está em teste. Assim, se ele terminar, irá disparar em um *loop* infinito, significando que ele não chegará a um fim – o que é uma contradição. Assumir o resultado oposto não ajudará: se ele não tiver um termo, o teste de finalização vai indicar o fato, e o programa não entrará em *loop* infinito, terminando, pois. O paradoxo levou Turing a concluir que um testador de finalização de uso geral não poderia ser concebido.

A coisa interessante é que Turing deduziu imediatamente um corolário: Se não houver meio para determinar de antemão, mediante um cálculo, se um programa há de se deter, tampouco haverá um meio de decidir isto de maneira antecipada usando o raciocínio. Nenhum sistema axiomático formal capacita você a deduzir se um programa finalmente há de parar. Por quê? Porque se você pudesse utilizar um sistema axiomático formal dessa maneira, isso lhe daria meios de calcular antecipadamente se um programa haverá ou não de parar. E isto é impossível, porquanto você cai num paradoxo do seguinte tipo: "Esta afirmação é falsa!" Você pode criar um programa que se detém se, e somente se ele não se detiver. O paradoxo é similar ao que Gödel encontrou em sua investigação sobre a teoria dos números (lembre-se que ele estava olhando para nada mais complicado do que 0, 1, 2, 3, ... e para a soma e a multiplicação). O golpe de Turing foi mostrar que *nenhum* sistema axiomático formal pode ser completo.

Com a deflagração da Segunda Guerra Mundial, Turing começou a trabalhar com a criptografia; von Neumann lançou-se à tarefa de determinar como calcular detonações de bomba atômica e as pessoas esqueceram-se, por algum tempo, da incompletude dos sistemas axiomáticos formais.

A ALEATORIEDADE NA MATEMÁTICA

A geração de matemáticos envolvida nessas profundas questões filosóficas basicamente desapareceu com a Segunda Guerra Mundial. Então eu entrei em cena.

No fim dos anos de 1950, quando eu era menino, li um artigo, no *Scientific American*, sobre Gödel e a incompletude. O resultado obtido por Gödel fascinou-me, mas eu não podia realmente entendê-lo; achei que havia algo duvidoso ali. No tocante à abordagem de Turing, achei que ela fora bem mais fundo, mas eu ainda não estava satisfeito. Foi então que tive uma ideia engraçada sobre a aleatoriedade.

Quando criança, li também bastante sobre outra famosa questão intelectual, não acerca dos fundamentos da matemática, mas da física – a respeito da teoria da relatividade e da cosmologia e, até com maior frequência, da mecânica quântica. Aprendi que, quando as coisas são muito pequenas, o mundo físico comporta-se de uma forma completamente louca. De fato, as coisas são aleatórias – intrinsecamente imprevisíveis. Eu estava lendo a respeito de tudo isso e comecei a me perguntar se havia também aleatoriedade na matemática pura. Comecei a suspeitar de que esta talvez fosse a real razão para a incompletude.

Um caso característico é a teoria elementar dos números, em que se apresentam algumas questões muito difíceis. Considere os números primos. Cada número primo comporta-se de um modo estranhamente imprevisível, se você estiver interessado na estrutura pormenorizada deles. É verdade que há padrões estatísticos. Existe uma coisa chamada de teorema do número primo, que prevê de maneira bastante acurada a distribuição média geral dos números primos. Mas, no referente à distribuição detalhada dos números primos individuais, isso parece muito aleatório.

Assim, comecei a pensar que talvez a aleatoriedade inerente à matemática fornecesse uma razão mais profunda para toda essa incompletude. Em meados dos anos de 1960, eu, e independentemente A. N. Kolmogorov na antiga União Soviética, aparecemos com algumas ideias novas que gosto de chamar de teoria da informação algorítmica. Este nome a faz soar como algo muito impressionante, porém a ideia básica é simples: Trata-se apenas de um modo de medir a complexidade computacional.

Von Neumann foi um dos primeiros de quem ouvi algo acerca da ideia de complexidade computacional. Turing considerava o computador como um conceito matemático – um computador perfeito, um que nunca comete erros, um que tem tanto tempo e espaço quanto necessita para efetuar o seu trabalho. Depois que Turing surgiu com essa ideia, o passo lógico seguinte, para um matemático, era estudar o tempo necessário para efetuar um cálculo – uma medida de sua complexidade. Por volta de 1950, von Neumann pôs em foco a importância da complexidade relativa ao tempo para as computações, e este é hoje um campo bem desenvolvido.

A minha ideia era a de não olhar para o tempo, ainda que, de um ponto de vista prático, o tempo fosse muito importante. Minha ideia era a de olhar para o *tamanho* dos programas de computação, para o montante de informação que você precisa fornecer a um computador, a fim de conseguir que ele execute determinada tarefa. Por que isto tem interesse? Porque a ideia de complexidade, conectada ao tamanho do programa, liga-se com a noção de entropia na física.

Lembre-se de que a entropia desempenhou um papel particularmente crucial na obra do famoso físico do século XIX, Ludwig Boltzmann, e ela surgiu nos campos da mecânica estatística e da termodinâmica. A entropia mede o grau de desordem, o caos, a aleatoriedade em um sistema físico. Um cristal possui baixa entropia, e um gás (digamos, à temperatura ambiente) tem alta entropia.

A entropia está vinculada a uma questão filosófica fundamental: Por que corre o tempo exatamente em uma só direção? Na vida quotidiana há, por certo, uma grande diferença entre ir para trás e ir para frente, no tempo. Vidros quebram-se, mas não se recompõem espontaneamente. De maneira similar, na teoria de Boltzmann, a entropia tem de aumentar – o sistema tem de ficar cada vez mais desordenado. Esta é a bem conhecida Segunda Lei da Termodinâmica.

Os contemporâneos de Boltzmann não conseguiram ver como deduzir este resultado da física newtoniana. Afinal de contas, em um gás, em que os átomos ficam saltando de um lado para o outro, como bolas de bilhar, cada interação é reversível. Se você pudesse de algum modo filmar uma pequena porção de gás por um breve espaço de tempo, você não poderia dizer se está vendo o filme correr para frente ou para trás. Mas a teoria do gás de Boltzmann afirma que *há* uma flecha do tempo – um sistema começará em um estado ordenado e terminará em um estado extremamente misturado e desordenado. Existe até uma expressão assustadora para a condição final: "Calor de morte".

A conexão entre minhas ideias e a teoria de Boltzmann ocorre porque o tamanho de um programa de computação é análogo ao grau de desordem de um sistema físico. Um gás pode exigir um programa grande para informar onde estão localizados todos os seus átomos, enquanto um cristal não requer um programa tão grande devido à sua estrutura regular. Entropia e complexidade ligadas ao tamanho de programa estão, assim, intimamente relacionadas.

Esse conceito de complexidade como tamanho de programa está também vinculado à filosofia do método científico. Ray Solomonoff (um cientista da computação, então trabalhando para a Zator Company, em Cambridge, Massachusetts) apresentou essa ideia numa conferência, no ano de 1960, embora eu só tenha tomado conhecimento de seu trabalho depois que propus algumas ideias muito similares, de minha própria autoria, poucos anos mais tarde. Pense apenas na navalha de Occam: a ideia de que a teoria mais simples é a melhor. Bem, o que é uma teoria? É um programa de computador para prever observações. E a afirmação de que a teoria mais simples é melhor traduz-se na proposição de que um programa conciso de computador constitui a melhor teoria.

E se não houver uma teoria concisa? E se o programa mais conciso para reproduzir certo corpo de dados experimentais é do mesmo tamanho que o conjunto dos dados? Então a teoria não é boa – ela foi cozinhada – e os dados são incompreensíveis, aleatórios. Uma teoria é boa somente na medida em que comprime os dados em um conjunto muito menor de asserções teóricas e regras de dedução.

Assim, você pode definir a aleatoriedade como algo que não pode ser comprimido em geral. O único meio de descrever para alguém um objeto ou um número completamente aleatório é apresentá-lo e dizer: "É isto". Por ele não ter estrutura ou padrão, não há uma descrição mais concisa. No outro extremo, há um objeto ou um número que apresenta um padrão muito regular. Talvez você possa descrevê-lo dizendo que ele é um milhão de repetições de 01, por exemplo. Trata-se de um objeto muito grande com uma descrição muito curta.

Minha ideia era a de utilizar a complexidade como tamanho de programa para definir a aleatoriedade. E quando você começa a observar o tamanho dos programas de computador – quando você principia a pensar sobre essa noção de tamanho de programa ou complexidade de informação, em vez da noção de complexidade relacionada ao tempo gasto para rodar um programa – então sucede uma coisa interessante: Para onde quer que você se vire, encontrará a incompletude. Por quê? Porque a primeiríssima questão proposta por você em minha teoria coloca você em apuros. Você mede a complexidade de algo pelo tamanho do menor programa de computador para calculá-lo. Mas como pode estar certo de que o programa de computador de que você dispõe é o menor possível? A resposta é que você não sabe como responder. Essa tarefa escapa ao poder do raciocínio matemático, por surpreendente que isso seja.

Mostrar porque isso é assim é um tanto complicado, de modo que vou apenas citar o resultado efetivo, um dos meus enunciados favoritos de incompletude: Se você tiver n bits de axiomas, você nunca poderá provar que um programa é o menor possível se ele for maior do que n bits de comprimento. Quer dizer, você estará em apuros com um programa se ele for maior do que a versão computadorizada dos axiomas – ou, mais precisamente, se for maior do que o tamanho do programa de checagem da prova, para os axiomas e as regras de dedução associadas.

Assim, verifica-se a impossibilidade, em geral, de se calcular uma complexidade definida como o tamanho de programa, porque determinar a complexidade de algo significa conhecer o tamanho do mais conciso programa que o calcula. Você não pode fazê-lo se o programa for maior do que os axiomas. Se houver n bits de axiomas, você nunca poderá determinar a complexidade de coisa alguma que tenha mais do que n bits de complexidade, e isso significa quase tudo.

Deixe-me explicar porque vindico isto. Os conjuntos de axiomas que os matemáticos usam normalmente são razoavelmente concisos; do contrário, ninguém acreditaria neles. Na prática, existe este vasto mundo de verdades matemáticas fora delas – um montante infinito de informação –, porém qualquer conjunto dado de axiomas captura unicamente um minúsculo e finito montante dessa informação. Daí, em poucas palavras, porque a incompletude de Gödel é natural e inevitável, mais do que misteriosa e complicada.

PARA ONDE VAMOS, A PARTIR DAQUI?

Essa conclusão é extremamente dramática. Em apenas três passos a gente vai de Gödel, no qual parece chocante existir limites para o raciocínio, a Turing, para o qual isso parece muito mais razoável, e depois a uma consideração de uma complexidade ligada ao tamanho de programa, em que a incompletude, ou seja, os limites da matemática, batem na sua cara.

Pessoas, amiúde, me dizem, "Bem, tudo está muito bem e é muito bom. A teoria da informação algorítmica é uma bela teoria, mas me dê um exemplo de um resultado específico que, a seu ver, escape ao poder do raciocínio matemático". Durante anos, uma de minhas respostas favoritas era: "Talvez o último teorema de Fermat". Mas aconteceu uma coisa engraçada: Em 1993, Andrew Wiles surgiu com uma prova. Havia nela um passo falho, mas agora todo mundo está convencido de que a prova é correta. Assim, eis o problema. A teoria da informação algorítmica mostra haver uma porção de coisas que você não pode provar, mas ela não pode chegar a uma conclusão para questões matemáticas individuais.

De onde vem então, apesar da incompletude, a ideia de que os matemáticos estão realizando tantos progressos? Tais resultados de incompletude certamente nutrem um sentimento pessimista a seu respeito. Se você tomá-los pelo valor nominal, parece não existir caminho para o progresso, e conclui-se que a matemática é impossível. Felizmente, para aqueles dentre nós que fazem matemática, este não parece ser o caso. Talvez algum jovem metamatemático da próxima geração provará por que isso tem de ser assim.

BIBLIOGRAFIA

CASTI, John L.; DEPAULI, Werner. *Gödel: A Life of Logic*. Cambridge, Mass: Perseus Publishing, 2000.

CHAITIN, Gregory J. Randomness and Mathematical Proof. *Scientific American* 232, n. 5, may, 1975.

_____. Randomness in Arithmetic. *Scientific American* 259, n. 1, july, 1988.

HOFSTADTER, Douglas R. *Gödel, Escher. Bach: na Eternal Golden Braid*. New York: Basic Books, 1979.

NAGEL, Ernest; NEWMAN, James R. Godel's Proof. *Scientific American* 194, n. 6, june, 1956.

_____. *Godel's Proof*. New York: New York University Press, 1958. (*A Prova de Gödel*. Tradução de Gita K. Guinsburg. São Paulo: Perspectiva, 2. ed., 2007.)

APÊNDICE II

SOBRE A INTELIGIBILIDADE DO UNIVERSO E AS NOÇÕES DE SIMPLICIDADE, COMPLEXIDADE E IRREDUTIBILIDADE[1]

Resumo: Discutimos concepções sobre a possibilidade de o universo ser racionalmente compreendido, começando por Platão, depois Leibniz e, em seguida, conhecendo os modos de ver de alguns renomados cientistas do século passado sobre esse assunto. Com base nisso, defendemos a tese de que compreensão é compressão, isto é, explicando muitos fatos usando poucas assunções teóricas, e que uma teoria pode ser vista como um programa de computador para calcular observações. Isto proporciona motivação para definir a complexidade de algo como sendo o tamanho da teoria mais simples a seu respeito, em outras palavras, o tamanho do menor programa para calculá-la. Tal é a ideia central da teoria da informação algorítmica (TIA), um campo da ciência teórica da computação. Lançando mão do conceito matemático de complexidade, como a medida de tamanho de programa, apresentamos fatos matemáticos irredutíveis, indemonstráveis por meio de qualquer teoria matemática,

[1] De *Grenzen und Grenzüberschreitungen*, XIX (Confrontos e Ultrapassagens, século XIX). Congresso Alemão de Filosofia, Bonn, 23-27 de setembro de 2002. Conferência e colóquio editado por Wolfram Hogrebe com Joachim Bromand. Berlim: Akademie Verlag, 2004, p. 517-534.

por mais simples que os fatos sejam. Segue-se que o mundo das ideias matemáticas tem complexidade infinita e não é, portanto, plenamente compreensível, ao menos não de uma maneira estática. E, se o mundo físico possui complexidade finita ou infinita é algo que ainda está por ser visto. A ciência corrente acredita que o mundo contém aleatoriedade e é, pois, também infinitamente complexo, mas o universo determinístico, que simula a aleatoriedade via pseudoaleatoriedade, é também uma possibilidade; essa hipótese está, no mínimo, de acordo com a recente e altamente especulativa obra de S. Wolfram.

> A natureza utiliza apenas os fios mais longos para tecer os seus padrões, de modo que cada peça pequena de seu tecido revela a organização da tapeçaria inteira[2].

> A coisa mais incompreensível acerca do universo é que ele é compreensível[3].

Constitui um grande prazer para mim falar nesse encontro da Sociedade Filosófica Alemã. Talvez não seja geralmente conhecido que, ao fim de sua vida, o meu predecessor Kurt Gödel ficou obcecado por Leibniz[4]. Escrever esse artigo representou para mim uma viagem de descoberta – da profundidade

---

2 R. Feynman. *The Character of Physical Law*, 1965, no fim do cap. 1, "The Law of Gravitation". Uma versão atualizada deste capítulo, sem dúvida, incluiria uma discussão sobre o infame problema da massa astronômica perdida.

3 Atribuído a Einstein. A fonte original, com redação um pouco diferente, encontra-se em Einstein, *Physics and Reality*, 1936, reimpresso em Einstein, *Ideas and Opinions*, 1954. Einstein, na realidade escreveu: "Das ewig Unbegreifliche an der Welt ist ihre Begreiflichkeit". Traduzindo palavra por palavra: "O eternamente incompreensível acerca do mundo é a sua compreensibilidade". Mas eu prefiro a versão atribuída a Einstein, que enfatiza o paradoxo.

4 Ver Karl Menger, *Reminiscences of the Vienna Circle and the Mathematical Colloquium*, 1994.

do pensamento de Leibniz! O poder de Leibniz como filósofo é enformado por seu gênio de matemático; como hei de explicar, algumas das ideias-chaves da teoria da informação algorítmica (TIA) são claramente visíveis em forma embrionária em seu *Discurso sobre a Metafísica*, de 1686.

I. O TIMEU DE PLATÃO – O UNIVERSO É INTELIGÍVEL.

ORIGENS DA NOÇÃO DE SIMPLICIDADE:
SIMPLICIDADE COMO SIMETRIA
[BRISSON, MEYERSTEIN, 1991]

[Esta] é a ideia central desenvolvida no *Timeu*: a ordem estabelecida pelo demiurgo no universo torna-se manifesta como a simetria encontrada em seu nível mais fundamental, uma simetria que torna possível uma descrição matemática de tal universo[5].

De acordo com Platão, o mundo é racionalmente entendível por ser dotado de estrutura. E o universo tem estrutura, porque é um trabalho de arte criado por um Deus matemático. Ou, de um modo mais abstrato, a estrutura do mundo consiste de pensamentos matemáticos de Deus. O tecido da realidade é construído a partir da verdade matemática eterna[6].

O *Timeu* postula que formas geométricas simétricas simples constituem

[5] Luc Brisson e F. Walter Meyerstein, *Inventer l'Univers*, 1991. Essa obra discute a cosmologia de Platão no *Timeu*, a moderna cosmologia e a TIA; um de seus principais *insights* é identificar simetria com simplicidade.
[6] Idem.

os tijolos que edificam o universo: o círculo e os sólidos regulares (cubo, tetraedro, icosaedro, dodecaedro, octaedro).

Qual foi a evidência que convenceu os antigos gregos de que o mundo é compreensível? Em parte foi a beleza da matemática, especialmente a geometria e a teoria dos números e, em parte, a obra pitagórica sobre a física dos instrumentos de corda e os tons musicais e, na astronomia, as regularidades dos movimentos dos planetas, dos céus estrelados e dos eclipses. De forma bastante estranha, cristais de rocha (minerais), cujas simetrias magnificam enormemente simetrias quanto-mecânicas encontradas no nível atômico e molecular, nunca foram mencionadas.

Qual é a nossa cosmologia nos dias de hoje?

Uma vez que o caos da existência cotidiana proporciona pouca evidência da simplicidade, a biologia é baseada na química que, por sua vez, é baseada na física que, por seu turno, é baseada na física de alta energia ou na das partículas. A tentativa de encontrar subjacente simplicidade e padrão leva a ciência moderna reducionista a quebrar coisas em componentes cada vez menores, em um esforço de achar simples tijolos de construção subjacentes.

A versão moderna da cosmologia do *Timeu* é a aplicação da teoria das simetrias ou dos grupos para entender partículas subatômicas (antes denominadas partículas elementares), por exemplo, o caminho óctuplo de Gell-Mann, que previu novas partículas. Esse trabalho, que classifica "partículas *zoo*"*, também se assemelha à tabela periódica dos ele-

* Antes da descoberta do quark, em 1960, o termo *partícula zoo* referia-se à extensa lista de partículas elementares (mais de 150), como se fossem uma espécie de zoológico. No atual modelo, que usa o quark, há cerca de doze partículas elementares. Na teoria das cordas, as "antigas" partículas elementares possuiriam uma corda vibrante como ancestral (N. da T.).

mentos de Mendeleiev, que organiza tão adequadamente as propriedades químicas[7].

Os físicos modernos também comparecem com uma possível resposta à citação atribuída a Einstein no começo do presente trabalho. Por que pensamos que o universo é compreensível? Eles invocam o assim chamado "princípio antrópico"[8], que declara que não estaríamos aqui para fazer essa pergunta, a não ser que o universo tivesse bastante ordem para haver evolução de criaturas complicadas, como nós!

Agora vamos ao próximo passo, um passo maior na evolução de ideias acerca da simplicidade e da complexidade, que é uma versão mais forte do credo platônico, de autoria de Leibniz.

II O QUE SIGNIFICA PARA O UNIVERSO SER INTELIGÍVEL?
A DISCUSSÃO DE LEIBINIZ SOBRE SIMPLICIDADE, COMPLEXIDADE E AUSÊNCIA DE LEI [WEYL, 1932]

[7] Para saber mais a esse respeito, leia o ensaio de Freeman Dyson no Mathematics in the Physical Sciences, em Cosrims, *The Mathematical Sciences*, 1969. Trata-se de um artigo deste autor originalmente publicado no *Scientific American*.
[8] John D. Barrow e Frank J. Tripler, *The Anthropic Cosmological Principle*, 1986.

No que se refere à simplicidade dos caminhos de Deus, isso vale propriamente com respeito aos seus meios, como oposição à variedade, à riqueza e à abundância, válido com respeito aos seus fins ou efeitos.

 Mas <u>quando uma regra é extremamente complexa, o que é conforme a ela passa por irregular</u>. Assim, pode-se dizer que, não importa a maneira como Deus tivesse criado o mundo, sempre teria sido regular e de acordo com certa regra geral. Mas <u>Deus elegeu o modo mais perfeito, isto é, o modo ao mesmo tempo mais simples em hipóteses e mais rico em fenômenos</u>, como poderia ser uma reta na geometria, cuja construção fosse fácil e cujas propriedades e efeitos fossem extremamente admiráveis e de grande amplitude[9].

A asserção de que a natureza é governada por leis estritas é despida de todo conteúdo se não adicionarmos a afirmação de que ela é governada por leis matematicamente simples... Que <u>a noção de lei torna-se vazia quando uma complicação arbitrária é permitida, isto</u> já foi salientado por Leibniz no seu *Discurso sobre a Metafísica*. Assim, a simplicidade torna-se um princípio atuante nas ciências naturais... O espantoso não é que existam aí leis naturais, mas que, quanto mais prossegue a análise, mais finos são os pormenores, mais finos são os elementos aos quais os fenômenos são reduzidos, mais simples – e não mais complicados, como originalmente se esperaria – tornam-se as relações fundamentais e mais exatamente elas descrevem as ocorrências reais. Mas esta circunstância é capaz de enfraquecer o poder metafísico do determinismo, uma vez que faz o significado de lei natural depender da flutuante distinção entre funções e classes de funções matematicamente simples e complicadas[10].

---

9 Leibniz, *Discurso sobre a Metafísica*, 1686, seções 5-6, a partir de Leibniz, *Philosophical Essays*, editados e traduzidos por Ariew e Garder, 1989, p. 38-39.

10 Hermann Weyl, *The Open World, Three Lectures on the Metaphysical Implications of Science*, 1932, p. 40-42. Ver uma discussão similar nas p. 190-191, de Weyl em *Philosophy of Mathematics and Natural Science*, 1949, seção 23A, "Causality and Law". Esta é uma notável antecipação de minha definição de "aleatoriedade algorítmica", como conjunto de observações que tem apenas o que Weyl considera serem teorias inaceitáveis, as de fato tão complicadas quanto as próprias observações, sem qualquer "compressão".

Weyl disse, não faz muito tempo, que "o problema da simplicidade é de importância central para a epistemologia das ciências naturais". No entanto, parece que o interesse pelo problema vem recentemente declinando; talvez porque, especialmente após a penetrante análise de Weyl, pareceu haver tão pouca chance de resolvê-lo[11].

Em seu romance, *Candide*, Voltaire ridicularizou Leibniz, caricaturando suas sutis concepções com a frase memorável "**este é o melhor de todos os mundos possíveis**". Ele também satirizou os esforços de Maupertius para desenvolver uma física conforme as concepções de Leibniz, uma física baseada no princípio do menor esforço.

Não obstante, versões do menor esforço desempenham um papel fundamental na ciência moderna, a começar pela dedução de Fermat das leis da reflexão e refração da luz a partir de um princípio de tempo mínimo. Isto continua com a formulação lagrangiana da mecânica, a qual estabelece que o movimento real minimiza a integral da diferença entre a energia potencial e a cinética. E o menor esforço é até importante nas fronteiras atuais, como a maneira com a qual Feynman formulou o caminho da integral da mecânica quântica (ondas de elétrons) e da eletrodinâmica quântica (fótons, quanta de campo eletromagnético)[12].

Entretanto, toda essa física moderna refere-se a versões do menor esforço,

---

[11] H. Weyl, *Philosophy of Mathematics and Natural Science*, 1949, p. 155, citado em Karl Popper, *The Logic of Scientific Discovery*, 1959, cap. VII, Simplicity, p. 136.

[12] Ver a breve discussão dos princípios mínimos em Richard Feynman, *The Character of Physical Law*, 1965, cap. 2, The Relation of Mathematics to Physics. Para maiores informações, cf. *The Feyman Lectures on Physics*, 1963, v. 1, cap. 26, Optics: The Principle of Least Time; v. 2, cap. 19, The Principle of Least Action.

não a ideias, não à informação, e não à complexidade – todas elas estão estreitamente ligadas à ênfase original de Platão na simetria e na simplicidade intelectual = inteligibilidade. Uma situação análoga ocorre na ciência teorética da computação, em que o trabalho sobre a complexidade computacional é usualmente focalizado no tempo, não na complexidade de ideias ou de informação. O trabalho sobre a complexidade no tempo é de grande valor prático, mas creio que a complexidade de ideias tem maior significação conceitual. Ainda outro exemplo que divide esforço/informação é o fato de eu estar interessado na irredutibilidade de ideias (ver Seções V e VI), ao passo que Stephen Wolfram (que será discutido adiante nesta seção) enfatiza, ao contrário, a irredutibilidade do tempo, os sistemas físicos para os quais não há curtos-circuítos previsíveis e o modo mais rápido de verificar que o que eles fazem é apenas rodá-los.

A doutrina de Leibniz vai além do problema do "menor esforço", ela também implica que as ideias que produzem ou governam este mundo são tão belas e tão simples quanto possível. Em termos mais modernos, Deus empregou a menor porção possível de material intelectual para construir o mundo, e as leis da física são tão simples e belas quanto elas podem ser, e permitem que nós, seres inteligentes, evoluamos (isto constitui uma espécie de "princípio antrópico", a tentativa de deduzir coisas acerca do universo, a partir do fato de que nós estamos aqui e estamos aptos a observá-los). A crença nessa doutrina leibniziana está por trás dos contínuos esforços reducionistas da física de alta energia (física das partículas) para encontrar os componentes últimos da realidade. A contínua vitalidade dessa doutrina leibniziana também está por trás da ênfase que o astrofísico John Barrow imprime a seu ensaio "Theory of Everything" (TOE) para descobrir uma TOE mínima que explique o universo, uma TOE que seja tão simples quanto possível, sem quaisquer elementos redundantes (ver Seção VII, mais adiante).

Ponto Importante: Dizer que as leis fundamentais da física têm de ser simples não implica, de modo algum, que é fácil ou rápido deduzir delas como o mundo funciona, que é possível efetuar bem depressa previsões a partir das leis básicas. A *complexidade aparente* do mundo em que vivemos – uma sentença constantemente repetida por Wolfram no seu livro, *A New Kind of Science*, de 2002 – provém então da longa senda dedutiva a partir das leis básicas até o nível de nossa experiência (poderia também provir da complexidade das condições iniciais, ou da jogada de uma moeda, isto é, da aleatoriedade). Assim, de novo, vindico que informação mínima é mais importante do que tempo mínimo – razão pela qual, na Seção IV, eu não me importo com o tempo levado por um programa de tamanho mínimo para produzir seu *output*, nem quanto tempo é necessário para calcular dados experimentais usando uma teoria científica.

Mais sobre Wolfram: Em *A New Kind of Science*, Wolfram informa sobre a sua busca sistemática, por computador, de regras simples com consequências muito complicadas, bem no espírito das observações de Leibniz acima expostas. Em primeiro lugar, Wolfram emenda o *insight* pitagórico de que o Número governa o universo, para afirmar a primazia do algoritmo e não do Número. E estes são algoritmos **discretos** – trata-se de uma filosofia digital! (Este foi um termo inventado por Edward Fredkin, que trabalhou sobre ideias relacionadas.) Depois, Wolfram parte para explorar todos os mundos possíveis, pelo menos todos os mundos simples (por isso é que seu livro é um tanto volumoso!). Ao longo do caminho ele encontra uma porção de material interessante. Por exemplo, a regra 110 do autômato celular de Wolfram é um computador universal, um computador assombrosamente simples, que pode executar **qualquer** computação. *A New Kind of Science* é uma tentativa de descobrir as leis do universo por meio de puro pensamento, da procura sistemática dos tijolos de construção de Deus!

Os limites do reducionismo: Em que sentido é possível reduzir a biologia e a psicologia à matemática e à física?! Este é, de fato, o ácido teste da concepção reducionista! A contingência histórica é com frequência aqui invocada: a vida como "acidentes congelados" (mutações), não algo fundamental (Wolfram, Gould). Trabalhos sobre vida artificial (Alife), mais avançados na robótica, constituem tentativas reducionistas particularmente agressivas. A via normal para "explicar" a vida é a evolução pela seleção natural, ignorando-se a seleção sexual do próprio Darwin e as concepções simbióticas/cooperativas da origem do progresso biológico – novas espécies – notavelmente esposadas por Lynn Margulis ("simbiogênese"). Outros problemas com o gradualismo darwiniano: seguindo o DNA como um *software* paradigmático, pequenas mudanças no *software* DNA podem produzir grandes alterações nos organismos, e um bom caminho para construir este *software* é o de trocar sub-rotinas úteis (o que é denominado transferência de DNA lateral ou horizontal. É assim que as bactérias adquirem imunidade a antibióticos). De fato, há uma falta de evidência fóssil para muitas formas intermediárias (já notadas por Darwin), que é prova para a rápida produção de novas espécies (o assim chamado "equilíbrio pontuado").

III. O QUE PENSAM CIENTISTAS NA ATIVA ACERCA DA SIMPLICIDADE E DA COMPLEXIDADE?

A própria ciência, portanto, pode ser encarada como um problema de mínimos, que consiste na mais completa apresentação possível dos fatos com o *menor dispêndio possível de pensamento*... Essas ideias, válidas de ponta a ponta nos mais amplos domínios da pesquisa e que completam a maior soma de experiência, são *as mais científicas*[13].

Além do mais, a atitude segundo a qual a física teórica não explica os fenômenos, mas somente os classifica e os correlaciona, é hoje aceita pela maioria dos físicos teóricos. Isso significa que o critério de sucesso para uma teoria desta natureza é simplesmente o fato de ela poder quer cobrir, por meio de um simples e elegante esquema classificador e correlacionador, um grande número de fenômenos – os quais sem este esquema pareceriam complicados e heterogêneos – quer cobrir até os fenômenos que não foram considerados ou não eram conhecidos na época, quando o referido esquema foi desenvolvido (estas duas últimas afirmações expressam, por certo, o poder unificador e de previsão de uma teoria).[14]

Esses conceitos fundamentais, e postulados, que não podem ser mais reduzidos logicamente, formam a parte essencial de uma teoria, que a razão não pode tocar. Ela é o grande objeto de toda teoria para tornar esses elementos irredutíveis tão simples e tão poucos em número quanto possível... Por

---

13 Ernst Mach, *A Ciência da Mecânica*, 1893, cap. IV, sec. IV, The Economy of Science, reimpresso em James Roy Newman, *The World of Mathematics*, 1956.

14 John von Neumann, The Mathematician, 1947, reimpresso em J. R. Newman, *The World of Mathematics*, 1956, e em F. Bródy e Tibor Vámos, *The Newmann Compendium*, 1995.

um lado, quanto mais cresce a distância em pensamento entre os conceitos fundamentais e as leis, por outro, as conclusões que têm de ser relacionadas com nossa experiência, mais simples se tornam as estruturas lógicas – isto é, será menor o número de elementos conceituais logicamente independentes que são julgados necessários para suportar a estrutura[15].

A meta da ciência é, de um lado, uma compreensão, tão *completa* quanto possível, da conexão entre as experiências sensoriais em sua totalidade e, de outro lado, a consecução desse objetivo *pelo uso de um mínimo de conceitos primários e relações* (procurando o mais possível uma unidade lógica no quadro do mundo, ou seja, máxima economia em elementos lógicos).

A física constitui um sistema lógico de pensamento que se encontra em estado de evolução, cuja base não pode ser destilada, por assim dizer, a partir da experiência, por um método indutivo, mas somente pode ser alcançada pela livre invenção... A evolução está rumando em direção da crescente simplicidade das bases lógicas. Para uma aproximação dessa meta devemos, mais adiante, nos resignar ao fato de que a base lógica se afasta cada vez mais dos fatos da experiência e que a trilha de nosso pensamento, a partir da base fundamental rumo àquela das proposições derivadas que se correlacionam com as experiências sensoriais, torna-se continuamente mais árdua e mais longa[16].

Algo geral terá que ser dito... acerca dos pontos de vista a partir dos quais as teorias físicas podem ser analisadas criticamente... O primeiro ponto de vista

[15] Einstein, On The Method of Theoretical Physics, 1934, reimpresso em Einstein, *Ideas and Opinions*, 1954.

[16] Einstein, Physics and Reality, 1936, reimpresso em Einstein, *Ideas and Opinions*, 1954.

é óbvio: a teoria não deve contradizer fatos empíricos... O segundo ponto de vista não se preocupa com o relacionamento, com as observações, mas com as premissas da própria teoria, no tocante à qual pode ser breve, porém vagamente caracterizada como a "naturalidade" ou a "simplicidade lógica" das premissas (os conceitos básicos e as relações entre estes)... Nós valorizamos uma teoria tanto mais se, a partir de uma posição lógica, ela não envolver uma escolha arbitrária entre teorias que são equivalentes e que possuem estruturas análogas... Preciso confessar com isto que não posso, neste particular, e talvez de modo algum, substituir tais sugestões por definições mais precisas. Eu não creio, entretanto, que uma formulação mais incisiva seja possível[17].

O que então nos impele a delinear teoria após teoria? Por que delineamos teorias em geral? A resposta à última questão é simplesmente: porque gostamos de "compreender", isto é, de reduzir fenômenos pelo processo da lógica a algo já conhecido, ou (aparentemente) evidente. Novas teorias são, antes de tudo, necessárias quando encontramos novos fatos que não podem ser "explicados" pelas teorias existentes. Mas, esta motivação para erigir novas teorias é, por assim dizer, trivial, imposta de fora. Há outro e não menos sutil motivo de não menor importância. Trata-se do empenho para a unificação e simplificação das premissas da teoria como um todo (isto é, o princípio da economia de Mach, interpretado como um princípio lógico).

Existe uma paixão pela compreensão, assim como existe uma paixão pela música. Esta paixão é bastante comum em crianças, mas ela se perde na maioria das pessoas mais tarde. Sem esta paixão, não haveria nem matemática, nem ciências naturais. Repetidas

---

17 Einstein, Autobiographical Notes, publicado originalmente em Paul Arthur Schilpp, *Albert Einstein, Philosopher-Scientist*, 1949, e reimpresso como livro separado em 1979.

vezes, a paixão pelo entendimento levou à ilusão de que o homem é capaz de compreender o mundo objetivo racionalmente, pelo puro pensamento, sem quaisquer fundamentos empíricos – em suma, pela metafísica. Eu creio que todo verdadeiro teórico é uma espécie de metafísico domado, não importa quão puro "positivista" ele possa imaginar-se. <u>O metafísico acredita que o logicamente simples é também real.</u> <u>O metafísico domado acredita que nem tudo que é logicamente simples está incorporado na realidade experienciada, mas que a realidade de toda experiência sensorial pode ser "compreendida" com base em um sistema conceitual edificado sobre premissas de grande simplicidade.</u> O céptico dirá que isso é um "credo de milagre". É admitidamente assim, mas é um credo de milagre que tem sido corroborado em uma surpreendente extensão pelo desenvolvimento da ciência[18].

Uma das coisas mais importantes nesse negócio de comparar "suposição – consequências computacionais – com experimento" é saber quando você tem razão. É possível saber quando você está no caminho certo antes de checar todas as consequências. Você pode reconhecer a verdade por sua beleza e simplicidade. É sempre fácil quando você faz uma suposição, e efetuou dois ou três pequenos cálculos a fim de se certificar de que ela não está obviamente errada, para saber que a suposição é certa. <u>Quando você consegue isso logo, é óbvio que ela está certa – ao menos se você tem alguma experiência –, porque em geral o que acontece é que sai mais do que entra.</u> Sua suposição é, com certeza, que algo é de fato muito simples. Se você não pode ver imediatamente que isto está errado, e é mais simples do que era antes, então

[18] Einstein, On the Generalised Theory of Gravitation, 1950, reimpresso em Einstein, *Ideas and Opinions*, 1954.

isto está certo. Os que não têm experiência, os malucos e gente assim, fazem suposições simples, mas você pode ver imediatamente que eles estão errados, de modo que isto não conta. Outros, os alunos inexperientes, fazem suposições muito complicadas, e isso parece como se tudo estivesse certo, mas eu sei que não é verdade porque a verdade resulta sempre ser mais simples do que aquilo pensado por você. O que necessitamos é de imaginação, mas imaginação numa terrível camisa de força. Temos de encontrar uma nova concepção do mundo que precisa concordar com tudo o que é conhecido, mas discordar de suas previsões em algum lugar; do contrário não é interessante. E neste desacordo isto deve concordar com a natureza...[19]

É natural que um homem deva considerar a obra de suas mãos ou de seu cérebro útil e importante. Portanto, ninguém há de objetar a um ardoroso experimentalista o fato de ele jactar-se de suas mensurações e menosprezar a física de seu amigo teórico, o qual, de sua parte, sente-se orgulhoso de suas elevadas ideias e despreza os dedos sujos do outro. Mas, nos anos recentes, esta espécie de amistosa rivalidade converteu-se em algo mais sério... [Uma] escola de experimentalistas extremos... foi tão longe a ponto de rejeitar toda teoria... Existe também um movimento em direção oposta... pretendendo que, para a mente bem treinada em matemática e epistemologia, as leis da Natureza são manifestas sem apelo ao experimento.

Dado o conhecimento e o penetrante cérebro de nosso matemático, as equações de Maxwell são um resultado de puro pensamento e da faina de experimentadores antiquados e supérfluos. Mal necessito explicar-lhes a falácia deste ponto de vista. Ela jaz no fato de que

---

[19] Feynman, *The Character of Physical Law*, 1965, cap. 7, Seeking New Laws.

nenhuma das noções utilizadas pelos matemáticos como as de potencial, potencial vetor, campo de vetores e transformações de Lorentz, inteiramente distantes do próprio princípio de ação, são evidentes ou dados *a priori*. Mesmo se um matemático extremamente dotado as tivesse construído para descrever as propriedades de um mundo possível, nem ele, nem qualquer outra pessoa, teria tido a mais leve ideia de aplicá-las ao mundo real.

Charles Darwin, meu predecessor na minha cátedra de Edimburgo, certa vez disse algo mais ou menos assim: "O Homem Comum pode ver uma coisa a uma polegada diante de seu nariz; alguns poucos podem ver coisas a duas polegadas de distância; se alguém puder vê-las a três polegadas, ele será um homem de gênio". Eu tentei descrever-lhes alguns dos atos desses homens que veem a duas ou três polegadas de distância. Minha admiração por eles não é diminuída pela consciência do fato de que eles foram guiados pela experiência do conjunto da raça humana ao lugar certo para meterem seus narizes. Eu não me empenhei, portanto, em analisar a ideia de beleza ou perfeição ou simplicidade de uma lei natural que amiúde guiou a correta adivinhação. Estou convencido de que tal análise não levaria a nada; pois estas ideias estão, elas próprias, sujeitas a desenvolvimento. Nós aprendemos algo de novo de cada novo caso, e eu não estou propenso a aceitar teorias finais acerca de leis invariáveis da mente humana.

Meu conselho àqueles que desejam aprender a arte da profecia científica é o de não confiar na razão abstrata, mas decifrar a linguagem secreta da Natureza a partir dos documentos da Natureza, os fatos da experiência[20].

Essas eloquentes discussões por esses eminentes cientistas do século XX

[20] Max Born, *Experiment and Theory in Physics*, 1943, p. 1, 8, 34-35, 44.

sobre o papel que a simplicidade e a complexidade jogam na descoberta científica, mostram a importância atribuída por eles a tais questões.

Em minha opinião, o ponto fundamental é o seguinte: A crença de que o universo é racional e obedece a leis não tem nenhum valor para nós se estas leis forem demasiado complicadas para serem compreendidas, e até serão despidas de significado se forem tão complicadas quanto nossas observações, uma vez que as leis não são, então, mais simples do que o mundo que elas devem supostamente explicar. Como vimos na seção prévia, isto foi enfatizado (e atribuído a Leibniz) por Hermann Weyl, um excelente matemático e físico matemático.

Mas não estaremos, talvez, exagerando o papel que as noções de simplicidade e complexidade desempenham na ciência?

Na sua bela preleção de 1943, publicada como um livreto sob o título *Experimento e Teoria em Física*, o físico teórico Max Born criticou aqueles que pensam que podemos entender a Natureza por meio do pensamento puro, sem sugestões dos experimentos. Em particular, ele se referia às agora esquecidas e antes fantasiosas teorias apresentadas por Eddington e Milne. Pois bem, Born poderia levantar estas críticas à teoria das cordas e ao livro de Stephen Wolfram, *A New Kind of Science* (comunicação pessoal de Jacob T. Schwartz).

Born tem uma posição. Talvez o universo **seja** complicado, não simples! Isto parece certamente ser o caso na biologia mais do que na física. Então, o pensamento sozinho é insuficiente; necessitamos de dados empíricos. Mas a simplicidade, com certeza, reflete o que queremos dizer por entendimento: **entendimento é compressão**. Assim, isto se refere mais à mente humana do que ao universo. Talvez, nossa ênfase na simplicidade diga mais a nosso respeito do que diz a respeito do universo!

Agora tentaremos captar algumas das feições essenciais dessas ideias filosóficas em uma teoria matemática.

IV. UMA TEORIA MATEMÁTICA DA SIMPLICIDADE, DA COMPLEXIDADE E DA IRREDUTIBILIDADE: TIA

A ideia básica da teoria da informação algorítmica (TIA) é de que uma teoria científica é um programa de computador, e quanto menor e mais conciso for o programa, tanto melhor será a teoria!

Mas a ideia é, na realidade, muito mais ampla do que isso. **A ideia central da teoria da informação algorítmica está refletida na crença de que os diagramas subsequentes possuem, todos eles, algo de fundamental em comum.** Em cada caso, pergunte quanta informação nós introduzimos *versus* o quanto de informação nós obtemos. E tudo é digital, discreto.

Teoria da informação de Shannon (engenharia de comunicações), codificação isenta de ruído:

mensagem codificada → **Decodificador** → mensagem original

Modelo de método científico:

teoria científica → **Cálculos** → dados empíricos/experimentais

Teoria da informação algorítmica (TIA), definição de complexidade como tamanho de programa:

programa → **Computador** → *output*

Dogma central da biologia molecular:

DNA → **Embriogênese/Desenvolvimento** → organismo

(Nesta conexão, cf. Küppers, *Information and the Origin of Life*, 1990.) A formulação abstrata de Turing/Post de uma teoria matemática axiomática formal ao estilo de Hilbert como um procedimento mecânico para a dedução sistemática de todas as possíveis consequências a partir de axiomas:

axiomas → **Dedução** → teoremas

Esforços contemporâneos de físicos para encontrar uma Teoria de Tudo (TOE, sigla inglesa para Theory of Everything):

TOE → **Cálculos** → Universo

Leibniz, *Discurso sobre a Metafísica*, 1686:

Ideias → **Mente de Deus** → O Mundo

Em cada caso, o lado esquerdo é menor, muito menor, do que o lado direito. Em cada caso, o lado direito pode ser construído (reconstruído) mecanicamente, ou sistematicamente, a partir do lado esquerdo. E, em cada caso, queremos conservar o lado direito fixo ao mesmo tempo em que buscamos tornar o lado esquerdo tão pequeno quanto possível. Uma vez consumado isso, podemos usar o lado esquerdo como uma medida da simplicidade ou da complexidade do correspondente lado direito.

Começando com essa única ideia simples, de olhar para o tamanho dos programas de computação, ou para a complexidade como tamanho de programa, você pode desenvolver uma teoria matemática elegante, sofisticada, TIA, como você pode ver nos meus quatro volumes editados pela Springer-Verlag e listados na bibliografia deste volume.

Mas devo confessar que a TIA faz grande número de **importantes assunções ocultas!** Quais são elas?

Bem, uma relevante assunção oculta da TIA é que a escolha do computador, ou da linguagem de programação de computador, não é de grande importância, ela não afeta demais, de nenhum modo fundamental, a complexidade como tamanho de programa. Isso é discutível.

Outra assunção tácita importante: nós usamos a abordagem computacional discreta de Turing, de 1936, evitando computações com números "reais" (de precisão infinita) do tipo π = 3,1415926..., a qual pode ter um número infinito de dígitos quando escrita na notação decimal, mas que corresponde, de um ponto de vista geométrico, a um único ponto sobre a reta, uma noção matemática elementar no contínuo, mas não no discreto. Será o universo **discreto** ou **contínuo**? Leibniz é célebre por seu trabalho na matemática contínua. A teoria da informação algorítmica – TIA – favorece a matemática discreta, mas não a contínua [comunicação pessoal de Fraçoise Chaitin-Chatelin].

Na TIA também ignoramos completamente o **tempo** gasto por uma computação, concentrando-nos tão-somente no **tamanho** do programa. Pois os tempos despendidos para rodá-lo podem ser monstruosamente grandes, totalmente astronômicos em tamanho – inteiramente impraticáveis na realidade. Destarte, ter em conta o tempo destrói a TIA, uma elegante e simples teoria da complexidade, que comunica muito entendimento. Assim, penso ser um erro pretender levar o tempo em consideração quando se pensa nessa espécie de complexidade.

Acabamos de falar sobre simplicidade e complexidade, mas o que dizer acerca da **irredutibilidade**? Vamos de novo aplicar a TIA à lógica matemática e obter alguns metateoremas limitativos. Entretanto, acompanhando Turing de 1936 e Post de 1944, empregarei a noção de algoritmo para deduzir limites ao raciocínio formal, não à abordagem original de Gödel, datada de 1931. Tomarei a posição de que uma teoria matemática ao estilo de Hilbert, uma teoria axiomática formal, é um procedimento mecânico para gerar sistematicamente todos os teoremas, quando todas as possíveis provas são percorridas, deduzindo-se de forma sistemática todas as consequências dos axiomas. (De certo modo, este ponto de vista foi antecipado por Leibniz com a sua *lingua characteristica universalis*.*) Considere o tamanho em *bits* do algoritmo para fazer isso. É assim que medimos a simplicidade ou a complexidade

---

* O objetivo de Leibniz era criar uma linguagem simbólica universal para a ciência, a matemática e a metafísica. Assim como os matemáticos e os geômetras ordenam os seus teoremas, de modo que cada teorema pode ser deduzido do anterior, todas as verdades poderiam ser deduzidas de um punhado de verdades simples e todas as ideias poderiam ser reduzidas, por decomposição, a um pequeno número de ideias primitivas e indefiníveis. Esta "língua característica universal" é uma precursora da lógica matemática moderna (N. da T.).

da teoria axiomática formal. Ela é apenas outra instância da complexidade definida como tamanho de programa!

Mas nesse ponto, insiste Chaitin-Chatelin, devo admitir que estamos nos valendo de uma assunção oculta, extremamente embaraçosa, segundo a qual você pode sistematicamente passar por todas as provas. Tal assunção, enfeixada em minha definição de uma teoria axiomática formal, significa que estamos admitindo o aspecto estático da linguagem de nossa teoria, e que nenhum novo conceito pode jamais emergir. Mas nenhuma linguagem humana ou campo de pensamento é estático. (E as linguagens de computador tampouco são estáticas, o que pode constituir um grande estorvo.) E essa ideia de ser capaz de fazer uma listagem numerada com todas as provas possíveis foi claramente antecipada, em 1927, por Émile Borel, quando ele indicou existir um número real com a propriedade problemática segundo a qual seu N-ésimo dígito depois da vírgula decimal nos dá a resposta à N-ésima pergunta sim/não em francês. (Quem chamou minha atenção para o trabalho de Borel foi Vladimir Tasić, em seu livro *Mathematics and the Roots of Postmodern Thought*, de 2001, no qual salienta que em algumas formas, ele antecipa o número Ω que discutirei na Seção IX. O trabalho de Borel encontra-se reimpresso em Mancosu, *From Brouwer to Hilbert* [De Brouwer a Hilbert], p. 296-300.)

Sim, concordo, uma teoria axiomática formal ao estilo de Hilbert é, de fato, uma fantasia, mas ela inspirou muita gente, e até ajudou a levar à criação das modernas linguagens de programação. Trata-se de uma fantasia útil que vale a pena levar a sério o suficiente para mostrar na Seção VI que, mesmo se você quiser aceitar todas essas assunções tácitas, algo mais está terrivelmente errado. Teorias formais axiomáticas podem ser criticadas por dentro, bem como por fora. E está longe de ser algo claro, como o enfraquecimento dessas assunções tácitas tornaria mais fácil provar as verdades matemáticas irredutíveis, apresentadas na Seção VI.

A ideia de uma linguagem de programação para computador estática e fixa, em que você escreve programas de computador cujo tamanho você mede, é também uma fantasia. As linguagens reais de programação para computador não permanecem quietas; elas evolvem o tamanho de programa de computador que você necessita para executar uma dada tarefa, e pode, portanto, mudar. Os modelos matemáticos do mundo, como este, são sempre aproximações, "mentiras que nos ajudam a ver a verdade" (Picasso). Não obstante, se efetuados de modo apropriado, eles podem ministrar *insight* e entendimento, podem nos auxiliar a compreender e revelar inesperadas conexões...

V. DA IRREDUTIBILIDADE COMPUTACIONAL À IRREDUTIBILIDADE LÓGICA, EXEMPLOS DE IRREDUTIBILIDADE COMPUTACIONAL: PROGRAMAS "ELEGANTES"

Nossa meta nesta e na próxima seção é usar a TIA para estabelecer a existência de **verdades matemáticas irredutíveis**. O que elas são, e por que são importantes?

Seguindo os *Elementos* de Euclides, uma verdade matemática é estabelecida por redução a verdades mais simples até chegar a verdades autoevidentes – "axiomas" ou "postulados" (átomos de pensamento!). Apresentamos aqui uma classe extremamente ampla de verdades matemáticas que não são, de modo algum, autoevidentes, mas também **não** são consequência de quaisquer princípios mais simples do que eles próprio são.

As verdades irredutíveis são altamente problemáticas para as filosofias tradicionais da matemática, porém, como na Seção VIII, elas podem ser acomodadas em uma emergente escola "quase-empírica" dos fundamentos da matemática, a qual afirma que a física e a matemática não são diferentes.

Nossa trilha para a irredutibilidade lógica principia com a irredutibilidade computacional. Vamos começar denominando um programa de computador de "elegante", se não houver um programa menor com a mesma linguagem que produza exatamente o mesmo *output*. Há uma porção de programas elegantes, ao menos um para cada *output*. E, não importa quão **lento** seja um programa elegante, tudo o que importa é que ele seja tão **pequeno** quanto possível.

Um programa elegante visto como um objeto por direito próprio é irredutível do ponto de vista computacional. Por quê? Porque, do contrário, você pode obter um programa mais conciso para o seu *output*, calculando-o primeiro e rodando-o depois. Observe os diagramas que seguem:

programa$_2$ → **Computador** → programa$_1$ → **Computador** → *output*

Se o programa$_1$ for tão conciso quanto possível, então o programa$_2$ não poderá ser muito mais conciso do que o programa$_1$. Por quê? Bem, considere uma rotina de tamanho fixado para rodar um programa e, depois, para rodar imediatamente seu *output*. Então, programa$_2$ + rotina de tamanho fixado → **Computador** → *output*

produz exatamente o mesmo *output* que o programa$_1$, e seria um programa mais conciso para produzir aquele *output*, do que o programa$_1$. Mas isso é impossível porque contradiz nossa hipótese segundo a qual o programa$_1$ já era tão pequeno quanto possível. C. Q. D.*

Por que programas elegantes deveriam interessar aos filósofos? Bem, por causa da navalha de Occam; porque a melhor teoria para explicar um conjunto fixo de dados é um programa elegante!

Mas como podemos obter verdades irredutíveis? Bem, tentando apenas **provar** que um programa é elegante!

VI. VERDADES MATEMÁTICAS IRREDUTÍVEIS. EXEMPLOS DE IRREDUTIBILIDADE LÓGICA: PROVANDO QUE UM PROGRAMA É ELEGANTE

Hauptsatz (Proposição Principal): *Você não pode provar que um programa é elegante se o seu tamanho for substancialmente maior do que o tamanho do algoritmo utilizado para gerar todos os teoremas em sua teoria.*

Prova: A ideia básica é rodar o primeiro programa que você encontra e deseja provar que é elegante, ao gerar sistematicamente todos os teoremas, e que ele é substancialmente maior do que o tamanho do algoritmo para

---

* No latim: Q. E. D. *Quod Erat Demonstrandum*, "o que era para ser demonstrado". Em português: Como Queríamos Demonstrar (N. da T.).

gerar todos os teoremas. Trata-se de uma contradição, a não ser que tal teorema seja demonstrável ou seja falso.

Agora, vou explicar por que isso funciona. Temos aqui uma teoria matemática axiomática formal:

> teoria = programa → **Computador** → conjunto de todos os teoremas

Podemos supor que esta teoria é um programa elegante, isto é, tão conciso quanto possível para produzir o conjunto de teoremas que ele produz. Então, o tamanho desse programa é, por definição, a complexidade da teoria, uma vez que é o tamanho do menor programa para gerar sistematicamente o conjunto de todos os teoremas, que, por sua vez, são todos consequência dos axiomas. Considere, agora, uma rotina de tamanho fixado com a seguinte propriedade:

> teoria + rotina de tamanho fixo → **Computador** → *output* do primeiro programa comprovadamente elegante e maior do que a complexidade da teoria

Mais precisamente,

> teoria + rotina de tamanho fixo → **Computador** → *output* do primeiro programa comprovadamente elegante e maior do que a (complexidade de teoria + tamanho da rotina de tamanho fixado)

Isto demonstra nossa asserção de que uma teoria matemática não pode provar que um programa é elegante se este programa for substancialmente maior do que a complexidade da teoria.

Eis a prova desse resultado de um modo mais detalhado. A rotina de tamanho fixo conhece o seu próprio tamanho, e a teoria é dada, ou seja, é dado um programa de computador para gerar teoremas, programa cujo tamanho ele mede e depois roda, até ser encontrado o primeiro teorema que assegura que um programa particular P é elegante e que é maior do que o *input* total do computador. A rotina de tamanho fixo roda então o programa P e produz, finalmente, como *output*, o mesmo *output* que P produz. Mas isto é impossível, porque o *output* de P não pode ser obtido a partir de um programa que é menor do que P, salvo se, como supusemos por hipótese, todos os teoremas da teoria são verdadeiros e P será efetivamente elegante. Portanto, P não pode existir. Em outras palavras, se houvesse um programa P cuja elegância fosse comprovável e cujo tamanho fosse maior do que a complexidade da teoria + o tamanho desta rotina de tamanho fixo, ou P seria efetivamente não elegante ou teríamos uma contradição. C. Q. D.

Uma vez que não há teoria matemática de complexidade finita apta a capacitá-lo para determinar todos os programas elegantes, segue-se imediatamente:

Corolário: *O universo matemático possui complexidade infinita.*

(Por outro lado, nossas teorias matemáticas correntes **não** são muito complexas. Nas páginas 773-774 de *A New Kind of Science*, Wolfram trata dessa questão, apresentando essencialmente tudo a respeito dos axiomas para uma matemática tradicional – em apenas duas páginas! Entretanto, um programa para gerar todos os teoremas seria muito maior.)

Isto reforça a refutação de Gödel, de 1931, à crença de Hilbert de que uma única e fixada teoria axiomática formal poderia captar tudo da verdade matemática.

Dada a significância dessa conclusão, é natural pedir mais informação. Você perceberá que eu nunca disse **qual** linguagem de programação de computador eu estava usando!

Bem, você pode, na verdade, levar a cabo essa prova empregando linguagens de alto nível*, tais como as versões da LISP que eu utilizo no *The Unknowable*, ou usar linguagens de máquina binárias, de baixo nível, como aquela que eu usei em *The Limits of Mathematics*. No caso de uma linguagem de programação de computador de alto nível, mede-se o tamanho de um programa em caracteres (ou 8-*bit bytes*) de texto. No caso de uma linguagem de máquina binária, mede-se o tamanho de um programa em 0/1 *bits*. Minha prova funciona em qualquer destes casos.

Mas devo confessar que nem todas as linguagens de programação permitem que minha prova elabore isto com nitidez. Aquelas que o fazem são do tipo de linguagens de programação utilizadas na TIA, aquelas linguagens para as quais a complexidade medida como tamanho de programa, possui propriedades elegantes, em vez de desordenadas, aquelas que expõem diretamente a natureza fundamental desse conceito de complexidade (que é também denominado conteúdo de informação algorítmica), e não as linguagens de programação que enterram as ideias básicas numa massa de confusos pormenores técnicos.

Esse trabalho começou com filosofia, e depois desenvolvemos uma teoria matemática. Agora voltemos à filosofia.

* As linguagens de alto nível apresentam programações mais simples, mais próximas do pensar humano. Elas oferecem conjuntos de instruções (uma ou mais), comandos que executam tarefas desejadas. As linguagens de baixo nível são aquelas mais próximas da linguagem de máquina, pois seus comandos podem ser escritos em hexadecimais, por exemplo (N. da T.).

Nas três últimas seções desses escritos discutirei as implicações filosóficas da TIA.

VII. SERA QUE JAMAIS PODEREMOS ESTAR CERTOS DE QUE TEMOS A TEORIA FINAL DE TODAS AS COISAS? (TOE, THEORY OF EVERYTHING [BARROW, 1995])

A busca de uma "Teoria de Todas as Coisas" é a procura de uma compressão última do mundo.

O interessante é que a prova de Chaitin do teorema da incompletude de Gödel, usando os conceitos de complexidade e compressão, revela que o teorema de Gödel é equivalente ao fato de que se pode provar que uma sequência seja incompressível. Nós não podemos nunca provar que uma compressão seja a última; poderia haver uma unificação ainda mais profunda e mais simples à espera de ser encontrada[21].

Eis a primeira aplicação filosófica da TIA. De acordo com o astrofísico John Barrow, meu trabalho implica que, mesmo se dispuséssemos de uma ótima, perfeita e mínima (elegante!) teoria de todas as coisas (TOE), não poderíamos jamais estar seguros de que uma teoria mais simples não possuiria o mesmo poder explanatório.

("Poder explanatório" é uma expressão pregnante e cabe afirmar que é o melhor

---

21 John Barrow, ensaio contido nas "Theories of Everything", em Cornwell, *Nature's Imagination*, 1995, reimpresso em J. Barrow, *Between Inner Space and Outer Space*, 1999.

nome a ser usado em vez do perigoso termo "complexidade", que conta com muitos outros significados possíveis. Poder-se-ia então falar de uma teoria com *N bits* de poder explanatório algorítmico, em vez de descrevê-la como uma teoria dotada de uma complexidade medida pelo tamanho do programa-tamanho com *N bits* [comunicação pessoal de Françoise Chaitin-Chatelin]).

Bem, você pode desconhecer Barrow, declarando que a ideia de ter uma TOE final é bastante louca – quem pode ter a esperança de conseguir ler a mente de Deus?! Na realidade, Wolfram crê que uma busca sistemática pelo computador seria bem capaz de descobrir uma TOE final[22]. Espero que ele continue trabalhando nesse projeto!

De fato, Wolfram pensa poder não só estar apto a encontrar a TOE final, como também estar apto a demonstrar que a teoria de todas as coisas é a mais simples possível! Como ele escapa ao impacto dos meus resultados? Por que não se aplicam aqui as observações de Barrow?

Primeiro de tudo, Wolfram não está muito interessado em provas, ele prefere evidência computacional. Em segundo lugar, Wolfram não mede a complexidade como tamanho de programa. Ele utiliza medidas de complexidade mais diretas. Em terceiro lugar, ele está preocupado com sistemas extremamente simples, enquanto meus métodos se aplicam melhor a objetos com alta complexidade.

Talvez a melhor maneira de explicar a diferença seja dizer que ele olha para a complexidade do "*hardware*", e eu, para a do "*software*". Os objetos que ele estuda têm complexidade menor ou igual a de um computador universal. Os que eu estudo possuem complexidade muito maior do que a de um computador universal. Para Wolfram,

22 Cf. p. 465-471, 1024-1027 de *A New Kind of Science*.

um computador universal dispõe de máxima complexidade possível e, para mim, de mínima complexidade possível.

De qualquer forma, vejamos agora qual é a mensagem que a teoria da informação axiomática (TIA) tem a dar a um matemático na ativa.

VIII. DEVERIA A MATEMÁTICA SER MAIS PARECIDA COM A FÍSICA? DEVEM OS AXIOMAS MATEMÁTICOS SER AUTOEVIDENTES?

Um problema profundo, porém facilmente entendível, acerca dos números primos é usado no que segue, para ilustrar o paralelismo entre o raciocínio heurístico do matemático e o raciocínio indutivo do físico... [M]atemáticos e físicos pensam de modo semelhante; eles são conduzidos, e às vezes mal conduzidos, pelos mesmos padrões de raciocínio plausível[23].

O papel dos argumentos heurísticos não foi reconhecido na filosofia da matemática, a despeito do papel crucial que eles desempenham na descoberta matemática. A noção matemática de prova está agudamente em desacordo com a noção de prova em outras áreas... Provas dadas por físicos admitem graus: de duas provas fornecidas para a mesma asserção de física, uma pode ser julgada mais correta do que a outra[24].

[23] George Pólya, Heuristic Reasoning in the Theory of Numbers, 1959, reimpresso em Gerald L. Alexanderson, *The Random Walks of George Pólya*, 2000.

[24] Gian-Carlo Rota, The Phenomenology of Mathematical Proof, 1997, reimpresso em Dale Jacquette, *Philosophy of Mathematics*, 2002, e em G.-C. Rota, *Indiscrete Thoughts*, 1997.

Há duas maneiras de ver a matemática [...], a tradição babilônica e a tradição grega [...]. Euclides descobriu que há um modo pelo qual todos os teoremas da geometria poderiam ser ordenados a partir de um conjunto de axiomas que seriam particularmente simples [...]. A atitude babilônica [...] é aquela segundo a qual você conhece tudo acerca dos vários teoremas e muito das conexões entre eles, mas você nunca compreenderia plenamente que eles poderiam todos provir de um feixe de axiomas [...]. Até na matemática você pode começar por diferentes lugares [...]. Na física necessitamos do método babilônico, e não do euclidiano ou grego[25].

O físico teme, com razão, argumentos precisos, pois um argumento que só é convincente se tiver precisão perde toda a sua força, caso as assunções em que se baseia sejam ligeiramente modificadas, ao passo que um argumento que é convincente, embora impreciso, pode muito bem ser estável sob pequenas perturbações de seus axiomas subjacentes[26].

É impossível discutir o realismo na lógica sem esboçá-la nas ciências empíricas... Uma matemática verdadeiramente realista deveria ser concebida, de acordo com a física, como um ramo da construção teorética do mundo real único e deveria adotar a mesma atitude sóbria e cautelosa para com as extensões hipotéticas de seus fundamentos como é apresentada pela física[27].

As citações acima constituem testemunhos eloquentes do fato de que, embora

---

[25] Richard Feynman, *The Character of Physicak Law*, 1965, cap. 2, The Relation of Mathematics to Physics.
[26] Jacob Schwartz, The Pernicious Influence of Mathematics on Science, 1960, reimpresso em Mark Kac, G.-C. Rota, J. Schwartz, *Discrete Thoughts*, 1992.
[27] Hermann Weyl, *Philosophy of Mathematics and Natural Science*, 1949, Apêndice A, Structure of Mathematics, p. 235.

a matemática e a física sejam diferentes, talvez não sejam **tão** diferentes assim! Admitidamente, a matemática organiza nossa experiência matemática, que é mental ou computacional, e a física organiza nossa experiência física (e na física tudo é uma aproximação; nenhuma equação é exata). Elas não são, por certo, exatamente a mesma coisa, mas talvez seja uma questão de grau, de um contínuo de possibilidades, e não de uma diferença absoluta, branco no preto.

Certamente, tal como ambos os campos são praticados no dia-a-dia, há uma diferença definida em **estilo**. Mas isso poderia mudar e, em certa extensão, é uma questão de moda e não de diferença fundamental.

Uma boa fonte de ensaios – mas não talvez os autores! – que considero como em geral de apoio à posição de que a matemática pode ser vista como um ramo da física, é de autoria de Tymoczko, em *New Directions in the Philosophy of Mathematics*. Em particular, você poderá ler um ensaio de Lakatos atribuindo o nome de "quase empírico" a esta concepção da natureza do empreendimento matemático.

Por que minha posição na matemática é "quase empírica"? Porque, até onde posso ver, esta é a única maneira de acomodar dignamente a existência de fatos matemáticos irredutíveis. Os postulados físicos nunca são autoevidentes, eles são justificados de forma pragmática, e assim são parentes próximos dos não, em geral, autoevidentes fatos matemáticos irredutíveis, que eu apresentei na Seção VI.

Não estou propondo que a matemática seja um ramo da física apenas para ser polêmico. Fui forçado a fazê-lo contra a minha vontade! Isso aconteceu apesar do fato de eu ser um matemático e amar a matemática, e apesar do fato de eu ter começado com a tradicional postura platônica, compartilhada pela maioria dos matemáticos na ativa. Estou propondo isso porque quero que a matemática trabalhe melhor e seja mais produtiva. As provas constituem uma coisa muito boa, mas se você não consegue encontrar uma prova, você deveria ir em frente utilizando argumentos e conjecturas heurísticas.

A New Kind of Science, de Wolfram, também apoia o modo experimental, quase empírico, de fazer matemática. Isso se deve, em parte, ao fato de Wolfram ser físico e, em parte, por ele acreditar que verdades que não se podem provar constituem a regra e não a exceção e, em parte, porque ele crê que nossas teorias matemáticas correntes são altamente arbitrárias e contingentes. De fato, seu livro pode ser visto como um amplo capítulo da matemática experimental. Com efeito, ele teve de desenvolver sua própria linguagem de programação, *Mathematica*, para poder efetuar as maciças computações que o levaram às suas conjecturas.

Vale consultar também Tasić em *Mathematics and the Roots of Postmodern Thought*, para se ter uma interessante perspectiva sobre o problema da intuição *versus* formalismo. Essa é uma questão chave – na realidade, em minha opinião, é uma questão inescapável – em qualquer discussão sobre como o jogo da matemática deveria ser jogado. E trata-se de uma questão na qual eu – como matemático atuante – estou apaixonadamente interessado, porque, como discutimos na Seção VI, o formalismo apresenta severas limitações. Somente a intuição pode capacitar-nos a ir adiante e criar novas ideias e formalismos mais poderosos.

Quais são as nascentes da intuição e da criatividade matemáticas? Em seu importante livro sobre a criatividade, Tor Nørretranders mostra que um pavão, uma mulher graciosa e elegante e uma bonita teoria matemática são todos plasmados pelas mesmas forças, isto é, aquilo ao que Darwin se referiu como "seleção sexual". Felizmente este livro do autor dinamarquês deverá estar logo disponível em outras línguas! Entrementes, confronte o meu diálogo com ele no meu livro *Conversations with a Matematician*.

Agora, para o nosso último tópico, vamos dar uma espiada no universo físico inteiro!

IX. SERÁ O UNIVERSO SEMELHANTE A Π OU SEMELHANTE A Ω? RAZÃO VERSUS ALEATORIEDADE! [BRISSON, MEYERSTEIN 1995]

Porque nos faltava uma definição rigorosa de complexidade, aquela que a TIA (teoria da informação algorítmica) propôs, confundir π com Ω foi mais a regra do que a exceção. Crer, visto que aqui temos algo a ver com uma crença, que todas as decorrências, uma vez que são apenas o encadeamento segundo uma regra rigorosa de símbolos determinados, podem ser sempre comprimidas em alguma coisa mais simples, eis a fonte do erro do reducionismo. Admitir a complexidade sempre pareceu insuportável aos filósofos, pois era renunciar à possibilidade de encontrar um sentido racional para a vida dos homens[28].

Permita-me primeiramente explicar o que é o número Ω. É uma joia na coroa da TIA, e é um número que atraiu grande atenção porque é muito **perigoso**!

---

28 Luc Brisson, F. Walter Meyerstein, *Puissance et Limites de la Raison*, 1995, Postface. L'Erreur du réductionnisme, p. 229.

Ω é definido para ser a probabilidade de parada daquilo que os cientistas da computação chamam de computador universal, ou máquina de Turing universal (na verdade, o valor preciso de Ω depende, efetivamente, da escolha do computador, e em *The Limits of Mathematics* eu fiz isso, pinçando um computador). Assim, Ω é uma probabilidade e, portanto, é um número real, um número medido com infinita precisão, situado entre zero e um. Isto pode soar como algo não tão perigoso!

(É irônico que o astro de uma teoria discreta seja um número real! Este fato ilustra a tensão criativa entre o contínuo e o discreto.)

O que é perigoso a respeito de Ω é que: 1. ele tem uma definição matemática simples e direta, mas no mesmo tempo; 2. seu valor numérico é maximamente incognoscível, porque uma teoria matemática formal, cuja complexidade medida como tamanho do programa ou poder explanatório vale N bits, não pode habilitá-lo a determinar mais do que N bits de uma expansão de Ω base-dois! Em outras palavras, se você deseja calcular Ω, as teorias não ajudam muito, uma vez que é preciso N bits de teoria para se obter N bits de Ω. De fato, os bits de base-dois de Ω são maximamente complexos, não há redundância, e Ω constitui o exemplo por excelência de como a complexidade infinita, não adulterada, surge na matemática pura!

E o que dizer a respeito de π = 3,1415926..., a razão entre a circunferência de um círculo para com o seu diâmetro? Bem, π **parece** bastante complicado, bastante desprovido de lei. Por exemplo, todos os seus dígitos parecem igualmente prováveis, embora isso nunca tivesse sido provado (de modo bem surpreendente, foi feito algum progresso recente nesta direção por Bailey e Crandall.) (Em qualquer base, todos os dígitos de Ω são igualmente prováveis. Isso é denominado "normalidade de Borel". Para uma prova, veja meu livro *Exploring Randomness*. Quanto ao que há de mais recente acerca de Ω, cf. o livro de Calude, *Information and Randomness*.) Se você tiver à sua disposição um punhado de dígitos do profundo interior da expansão decimal de π, e se não lhe disserem de onde foram extraídos, parecerá a você que não há qualquer redundância, qualquer padrão. Mas, por certo, de acordo com a TIA, π, de fato, possui apenas uma complexidade **finita**, porque há algoritmos para calculá-lo com precisão arbitrária (na realidade, alguns novos modos terríveis de calcular π foram descobertos por Bailey, Borwein e Plouffe. π vive, ele não é um assunto morto!).

Seguindo Brisson, Meyerstein em seu livro *Puissance et Limites de la Raison*, de 1995, vamos discutir finalmente se o universo físico é similar a π = 3,1415926..., que possui apenas uma complexidade finita, ou seja, o tamanho do menor programa para gerar π, ou similar a Ω, que tem uma complexidade infinita não adulterada. A qual dos dois ele é similar?!

Bem, se você acredita na física quântica, então a Natureza joga dados, e isto gera complexidade, uma porção infinita dela; por exemplo, como acidentes congelados, as mutações que são preservadas em nosso DNA. Assim, agora a maioria dos cientistas apostaria que o universo apresenta infinita complexidade, tal qual o próprio Ω. Mas então o mundo é incompreensível ou, no mínimo, grande parte dele há de permanecer sempre assim, a parte acidental, todos aqueles acidentes congelados, a parte contingente.

Algumas pessoas, porém, ainda alimentam a esperança de que o mundo tenha complexidade finita como o π, quando ele apenas **parece** ter alta complexidade. Se assim fosse, poderíamos finalmente ser capazes de compreender tudo, e há uma TOE (sigla inglesa para Teoria de Todas as Coisas) final! Mas neste caso você tem de acreditar que a mecânica quântica está errada, tal como ela é correntemente praticada, e que toda essa aleatoriedade quântica é realmente apenas uma **pseudoaleatoriedade**, como aquela que você encontra nos dígitos de π. Você precisa crer que o mundo é efetivamente determinístico, ainda que nossas atuais teorias científicas digam que ele não é!

Penso que o físico vienense Karl Svozil nutre esse sentimento (comunicação pessoal; confronte seu trabalho, *Randomness & Undecidability in Physics* [Aleatoriedade e Indeterminismo em Física], 1994). Eu sei que Stephen Wolfram concorda com isso, ele diz isso em seu livro. Dê uma olhada apenas na discussão sobre turbulência em fluidos e na segunda lei da termodinâmica, que constam do livro *A New Kind of Science*. Wolfram acredita que algoritmos determinísticos muito simples, em última análise, são responsáveis por toda a aparente complexidade que vemos à nossa volta, assim como o são em π. Ele julga que o mundo *parece* muito complicado, mas é, na realidade, muito simples. Não há aleatoriedade, existe unicamente pseudoaleatoriedade. Então, nada é contingente, tudo é necessário, tudo acontece por alguma razão. (Leibniz!)

(De fato, o próprio Wolfram efetua explicitamente a conexão com π. Ver o **significado do universo** na página 1027 de *A New Kind of Science*.)

Quem sabe! O tempo dirá!

Ou talvez a partir de **dentro** deste mundo nunca seremos capazes de expressar a diferença, apenas um observador **de fora** poderia fazê-lo (Svozil, comunicação pessoal).

POSTSCRIPTUM

Os leitores desse trabalho podem desfrutar de uma perspectiva algo diferente em meu capítulo "Complexité logique et hasard", em Benkirane, *La Complexité*. Leibniz está lá, também. Além disso, vejam minhas *Conversations with a Mathematician* (Conversas com um Matemático), um livro sobre filosofia sob o disfarce de uma série de diálogos – não é a primeira vez que isso aconteceu!

Por último, mas não menos importante, ver Zwirn, *Les Limites de la connaissance* (Os Limites do Conhecimento), que também defende a tese de que o entendimento é compressão, e a magistral obra multiautoral, em dois volumes, *Kurt Gödel, Wahrheit & Beweisbarkeit* (Verdade & Evidência), um tesouro de informações sobre a vida e a obra de Gödel.

AGRADECIMENTOS

Agradeço a Tor Nørretranders por me proporcionar o original alemão da citação de Einstein que consta no início deste livro e também a tradução, palavra por palavra, da mesma.

O autor é grato a Françoise Chaitin-Chatelin pelas inúmeras e estimulantes discussões filosóficas. Ele lhe dedica este trabalho por sua busca sem fim de entendimento.

BIBLIOGRAFIA

ALEXANDERSON, Gerald W. *The Random Walks of George Pólya*. MAA, 2000.

BARROW, John D. *Between Inner Space and Outer Space*. Oxford University Press, 1999.

BARROW, John D.; TIPLER, Frank J. *The Anthropic Cosmological Principle*. Oxford University Press, 1986.

BENKIRANE, Reda. *La Complexité, Vertiges et Promesses*. Le Pomier, 2002.

BORN, Max. *Experiment and Theory in Physics*. Cambridge University Press, 1943. Reimpressão: Dover, 1956.

BRISSON, Luc; MEYERSTEIN; F. Walter. *Inventer l'Univers*. Les Belles Lettres, 1991.

_____. *Inventing the Universe*. Suny Press, 1995.

_____. *Puissance et Limites de la Raison*. Les Belles Lettres, 1995.

BRÓDY F. ; VÁMOS T. *The Neumann Compendium*. World Scientific, 1995.

BULDT Bernd et al. *Kurt Gödel, Wahrheit & Beweisbarkeit. Band 2: Kompendium zum Werk*. öbv & hpt, 2002.

CALUDE, Cristian S. *Information and Randomness*. Springer-Verlag, 2002.

CHAITIN, Gregory J. *The Limits of Mathematics, The Unknowable, Exploring Randomness, Conversations with a Mathematician*. Springer-Verlag, 1998, 1999, 2001, 2002.

CORNWELL, John. *Nature's Imagination*. Oxford University Press, 1995.

COSRIMS. *The Mathematical Sciences*. MIT Press, 1969.

EINSTEIN, Albert. *Ideas and Opinions*. Crown, 1954. Reimpressão: Modern Library, 1994.

_____. *Autobiographical Notes*. Open Court, 1979.

FEYNMAN, Richard. *The Character of Physical Law*. MIT Press, 1965. Reimpressão: Modern Library, 1994 (com uma cuidadosa introdução de James Gleick).

FEYNMAN Richard P.; LEIGHTON, Robert B. & SANDS, Matthew. *The Feynman Lectures on Physics*. Addison-Wesley, 1963.

JACQUETTE, Dale. *Philosophy of Mathematics*. Blackwell, 2002.

KAC Mark; ROTA, Gian-Carlo & SCHWARTZ; Jacob T. *Discrete Thoughts*. Birkhäuser, 1992.

KÖHLER, Eckehart et al. *Kurt Gödel, Wahrheit & Beweisbarkeit. Band 1: Dokumente und historische Analysen*. öbv & hpt, 2002.

KÜPPERS, Bernd-Olaf. *Information and the Origin of Life*. MIT Press, 1990.

LEIBNIZ, G.W. *Philosophical Essays*. Editado e traduzido por Roger Ariew e Daniel Garber, Hackett, 1989.

MACH, Ernst. *The Science of Mechanics*. Open Curt, 1893.

MANCOSU, Paolo. *From Brouwer to Hilbert*. Oxford University Press, 1998.

MENGER, Karl. *Reminiscences of the Vienna Circle and the Mathematical Colloquium*. Kluwer, 1994.

NEWMAN, James R. *The World of Mathematics*. Simon and Schuster, 1956. Reimpressão: Dover, 2000.

POPPER, Karl R. *The Logic of Scientific Discovery*. Hutchinson Education, 1959. Reimpressão: Routledge, 1992.

ROTA, Gian-Carlo. *Indiscrete Thoughts*. Birkhäuser, 1997.

SCHILPP, Paul Arthur. *Albert Eisntein, Philosopher-Scientist*. Open Court, 1949.

SVOZIL, Karl. *Randomness & Undecidability in Physics*. World Scientific, 1994.

TASIC, Vladimir. *Mathematics and the Roots of Postmodern Thought*. Oxford University Press, 2001.

TYMOCZKO, Thomas. *New Directions in the Philosophy of Mathematics*. Princeton University Press, 1998.

WEYL, Hermann. *The Open World*. Yale University Press, 1932. Reimpressão: Ox Bow Press, 1989.

_____. *Philosophy of Mathematics and Natural Science*. Princeton University Press, 1949.

WOLFRAM, Stephen. *A New Kind os Science.* Wolfram Media, 2002.
ZWIRN, Hervé. *Les Limites de la Connaissance.* Odile Jacob, 2000.

ÍNDICE

10º problema de Hilbert 55, 65, 90, 195
   descrição do 66
   equações diofantinas e 66-77
   insolubilidade do 65, 66-77
   problema da parada e o 71, 196

"acidentes congelados" 68
adição:
   na linguagem de programação LISP 80-85, 117
   nas equações diofantinas 67
aleatoriedade 23, 72, 89, 90, 179-210, 247-253
   como única fonte de criatividade 215
   complexidade definida como tamanho de programa e 251
   da probabilidade de parada ômega 196-204
   de números primos 34, 248
   entropia e 249
   incompletude implicada pela 61-62
   números reais e 121, 170-176, 202-203
   números transcendentais e 149-150
   paradoxo da indefinibilidade de 188-191, 192
   primeiros trabalhos do autor sobre 184-188, 215, 247-248
   programas de computador e 52
   pseudo 98, 183
   razão e 182-184
   trabalho de Leibniz sobre 52, 55, 92, 96-97, 102-107, 186, 215
   universalidade da 62
   Ver também números reais aleatórios
algoritmos:
   irredutíveis. *Ver* aleatoriedade
   no 10º problema de Hilbert 66
   para máquinas de Turing 69
   para números primos 36, 52, 66
   problema da parada e 160, 194-196
   SAF e 5, 62-63
   Ver também programação de computadores
alma 139
American Mathematical Monthly 231n
American Scientist 96n, 237
análogo ou digital. *Ver* questões discreto-contínuas
analysis situs 94
Apologia do Matemático, Uma (A Mathematician's Apology) (Hardy) 152
apoptose 112
aritmética binária 94, 99-101, 114-118
asserções teóricas sobre números 51
átomo, o significado grego do 81
autodelimitante:
   informação 104, 123-128
   programa 196-199
autodestruição celular 112
autômatos celulares reversíveis 139
axiomas:
   como programas de computadores para gerar teoremas 106-107

de determinância projetiva 161
de Euclides 7n
incompressibilidade e 180-181
necessidade de adicionar novos 221-223
SAF e 55-56, 64

bactéria 112-113
Bailey, David 165, 187, 205, 214
bases 129
Belden Mathematical Prize 62
Bell System Technical Journal 204
Bell, E. T. 99
Beloit Poetry Journal 230n
Bíblia 97
biologia 12, 222
    como domínio de complexidade 92, 128-132
    DNA como *software* na 93-94, 108-113, 118-119, 128-135
    problema todo/parte na 132-134
    teoria da informação algorítmica e 130-132
bits:
    como blocos construtores do universo 114
    como unidade de medida para *software* 93, 129
    fonte do termo 114
    incompressibilidade e 121
    informação autodelimitante e 123-128
    representados por números inteiros 72
    sequências processadoras de 72-73, 114-119
Boltzmann, Ludwig 249, 250
Bonn, artigo do autor 96, 97, 255-295
Borel, Émile 63, 167, 184, 204

número real sabe-tudo de 161-164, 21
paradoxo da indefinibilidade-de-aleatoriedade de 188-191, 192
Borges, Jorge Luis 137-138
Borwein, Jonathan 165, 187, 205, 214
Bourbaki, grupo 46, 218n
bytes 116, 129

cálculo:
    infinitesimal 55, 95, 147
    Leibniz e 55, 94, 147
    números imaginários e 146-147
Calude, C. S. 230n
Candide (Voltaire) 97
Cantor, Georg 26, 148, 149, 155-161, 166-167, 170, 218
caos, teoria do 184
cardinalidade 149, 158
Cauchy, Augustin Louis 146, 156n
Chaitin, número de. *Ver* probabilidade de parada ômega
Character of Physical Law, The (Feynman) 140n
Châtelet, Marquesa de 97
Chute, Robert M. 229-230
ciência:
    começo da era moderna da 102
    leis *versus* sem leis na 102-107
    papel da 103
    produção conjunta de ideias na 216
    questões na 9
    Ver também biologia; matemática; físic
City University de Nova York, City Colleg
    da 62, 66, 184-188, 205
coeficientes binominais 73-75
Cohen, Marion D. 231

ohen, Paul 160
oleção Didática de Cambridge sobre Leibniz (Cambridge Companion to Leibniz, The) (Jolley, ed.) 99
ollected Fictions (Borges) 138n
omo Resolver (How to Solve It) (Pólya) 49, 93, 175
omplexidade 24, 55, 90-92, 179-216
   biologia como domínio da 130-134
   conceitual 139
   concepção de Wolfram sobre 98
   e as leis da física 98, 130
   parábola da rosa e 137-139
   trabalho de Leibniz sobre 96, 102-107
   Ver também aleatoriedade
ompressão 120-123, 180
omputadores 93, 237-254
omo ideia filosófica e matemática 11, 30, 55, 57, 91-92, 164-165, 237-238, 248-249
   equações diofantinas como 70-77, 89
   imagem colorida na tela de 117, 120-123
   máquinas de Turing 69, 244-247
   matemática e 11, 30
   mudança social e 123
   na abordagem de Turing para a incompletude 52, 55
   sistemas de dois estados na 115
   Ver também problema da parada
onfrontos e Ultrapassagens (Grenzen und Grenzüberschreitungen) 255n
onhecimento, limites do 31, 36, 48, 121
onjuntos:
   gerados 64
   recursivamente enumeráveis (r.e.) ou computáveis 64, 65, 90

continuidade. *Ver também* questões discreto-contínuas
contínuo:
   como infinidade não enumerável 158
   labirinto do 145
   potência de 158
   problema do 159-161
convergência 198
coordenadas cartesianas planas 145
cortes 156
CPUs (unidades centrais de processamento) 72, 76
Crandall, Richard 187, 205
criatividade 215, 223-224
criptografia 90, 247
cromossomos 119
Crossing the Iqual Sign (Cohen) 231n
curvas 102

Dantzig, Tobias 36n, 50, 94,
Darwin, Sir Charles 9
Davis, Martin 65
Dedekind, J. W. R. 156-158, 161
Demócrito 142
Descent of Man, The (Darwin) 26
desenvolvimento embriogênico 110, 128
Deus:
   aleatoriedade e 184
   como matemático 12, 151
   como médico 216
   como programador de computador 12, 151
   inteiros criados por 155, 206
   obsessão de Cantor com 148
   preferência digital de 143
   visão de Leibniz de 97-98, 103, 105, 147, 217

Dia de Eleição (*Election Day*) (Oliver) 226
Diante da Lei (Kafka) 19-21, 62
Diofanto 67, 68, 71
Discurso sobre a Metafísica (*Discourse on Metaphysics*) (Leibniz) 96, 97, 99, 102, 103
divisão ao meio de intervalos 165
DNA 12, 95
   como *software* de biologia 93, 108-113, 119, 128-135
   do universo 129
   montante humano de 119
   quatro letras do alfabeto para 108, 118
   redundância e 130
   reutilização de 109-110, 119
   sexo transmitido pelo *software* de 108-113
dois:
   dobrando infinitamente o número 113-114
   raiz quadrada de 151-152

"e" 154, 187
Einstein, Albert 12, 52, 184, 217, 218, 242
Elementos, de Euclides 56, 95, 152
elementos, na LISP 80, 84
eletromagnetismo 142, 143
energia 142
Ensaios Filosóficos (*Philosophical Essays*) (Leibniz) 99
entropia 249-250
enzimas 119
epistemologia 12, 91
equações diofantinas 196
   $10°$ problema de Hilbert e 66-77
   como computadores 76-77
   definição de 66
   exponenciais 67, 72, 89
   ordinárias 67, 68
   para a LISP 88-89
   probabilidade de parada ômega e 176, 206-211
   universais 69-70
equações algébricas 146
Erdös, Paul 46
Euclides 56, 57n, 67, 95, 152, 240
   a prova dos números primos de 33, 38-39, 90
Eudóxio 156n
Euler, Leonhard 154
   fórmula do produto de 43
   números imaginários e 146
   prova dos números primos de 39-44, 90
eventos contingentes 183
evolução:
   de tecnologia registrada 122
   teoria da 26
   transições maiores na 123
Evolução da Física, A (Einstein e Infeld) 52
Explorando a Aleatoriedade (*Exploring Randomness*) (Chaitin) 88
exponenciação 80
expressão-S 80-81

Fermat, Pierre de, o último teorema de 67, 253
Feynman, Richard 140
filosofia 91, 121

digital 12, 179, 215
invenção do termo 217
matemática como ferramenta da 10
números reais e 145
física 91, 101, 182, 183, 221
  complexidade e leis da 98, 130
  experimentos mentais usados na 60
  infinidade evitada na 142
  matemática e 24, 64, 221-222
  números reais usados na 134
  quântica 12, 52, 98, 142, 147, 151, 183, 184, 248
  questão discreto-contínua na 140-143
formalismo 24, 65, 91, 218, 219, 238, 239
FORTRAN 52, 79
Fredkin, Edward 139, 140
função fatorial:
  na LISP 86
  na linguagem normal 85
funções:
  citar 82
  fatorial 85
  log 45-46
  map 87
  na LISP 81-83
  pseudo 82
  zeta de Riemann 43-44

Galileu Galilei 17, 30, 31, 156, 157
Gauss, Karl Friedrich 146
Gedankenexperiment 60
genes 108
  como unidade biológica de informação 119
  deterioração de 111
  expressão de 119
  transferência horizontal de 112
  transferência vertical de 112
genoma 133
  como unidade biológica de informação 119
  humano 109
geometria:
  analítica 145, 147
  euclidiana 61, 240
Gödel, Kurt 160, 174, 175, 179, 183, 214, 222, 242, 247
  efeito sobre a matemática de 23, 219, 244
  Ver também incompletude
Grécia, antiga 222
  ideal da razão na 179-181, 182
  matemática na 31, 34, 67, 147, 151-153, 179-191, 239

Hardy, G. H. 10, 50, 152
Hermite, Charles 154, 155, 169
Hilbert, David 23, 71, 78, 169, 191, 242
  meta de um único SAF de 64-65, 181, 214, 218-219, 240-244
  metamatemática criada por 55-56, 237-238
hindus 113
Homens de Matemática (Men ot Mathematics) (Bell) 99

IBM 72, 143, 205, 219, 220, 221, 225
Incognoscível, O (Unknowable, The) (Chaitin) 88
incompletude 23, 50-55, 59, 71, 179-216

abordagem de Turing para 52, 55, 59-61, 179, 195
abordagem do autor para 53-55, 179, 214-215
aleatoriedade e 248
complexidade medida pelo tamanho do programa e 251
implicada pela aleatoriedade 62-63
implicada pela incomputabilidade 61
não nomeáveis 174-176
objeções do autor à prova de Gödel sobre 52-53
probabilidade de parada ômega e 202
teoria de Gödel da 50-51, 242-244, 253
incompressibilidade 121
incomputabilidade 23, 71
   com probabilidade um 167-171
   incompletude implicada pela 61
   números transcendentais e 149-150, 164-167
   problema da parada e 58
   SAF e 169, 244
inferência 56
infinidades contáveis (enumeráveis) 157
infinita decrescente 43
infinitesimais 142
infinito 26
   evitar dos físicos do 142
   na teoria dos conjuntos 148-149
   tentativas para alcançar 114
informação 23-24, 91
   algorítmica. *Ver* teoria da informação algorítmica
   aritmética binária e 99-101
   autodelimitante 104, 123-128
   biológica 108-113, 118-119, 128-135
   imortalidade e 139
   mudança social e 123
   mútua 132-134
   unidades de 120
informação digital 12, 91, 93-135
   como base da aritmética binária da 99-101
   para compressões técnicas 120-123
   para imagens coloridas 73, 120-123
   Ver também programação de computadores; *software*
Informação: A Nova Linguagem da Ciência (*Information: The New Language of Science*) (von Baeyer) 101
inteiros positivos, série harmônica de recíprocos 41
inteiros:
   como infinidade contável 157
   criação divina dos 155, 206
   negativos 67
   reais algébricos tão numerosos quanto os 149
   sem sinais 67, 75, 76, 81
   sequências de *bits* representados por 72
irredutibilidade 91, 170
   algoritmo da. *Ver* aleatoriedade
   antecipação de Leibniz 92
   de números primos 34
   parábola da rosa e 138
   probabilidade de parada ômega e 199-204

jogo da cara ou coroa 182-184, 202, 215
Jones, James 65, 72, 73, 74, 75, 77

Kafka, Franz 19-21, 62
Kenyon, Cyntia 112
Kieu, Tien D. 206, 208, 210
Kronecker, Leopold 155, 206

La Guerre des sciences aura-t-elle lieu?
    (Stengers) 95
lagrangiana, interpolação 102, 104
Landauer, Rolf 143
Laplace, Pierre Simon de 100, 101
Leibniz (Ross) 96, 99
Leibniz e o Infinito (Leibniz et l'infini)
    (Burbage e Couchan) 147
Leibniz, Gottfried Wilhelm Von 10, 17,
    94-99, 145, 146, 179, 241
    aritmética binária e informação e 94
    characteristica universalis de 78
    contribuições e caráter de 95-96,
        99-101
    fontes de informação sobre 98-99
    Newton e Voltaire como oponentes
        de 94-98
    quadratura do círculo 147, 153, 155
    racionalismo de 183
    sobre aleatoriedade e complexidade
        52, 55, 92, 96-97, 102-107, 186,
        215
    trabalhos de 96, 98, 99
    visões metafísicas de 93, 98, 103,
        105, 147, 217-218
leis:
    complexidade e 102-107
    verdade e 20, 62
Lenat, Doug 37
"Lendo uma Nota na Revista *Nature* Eu
    Soube" (Chute) 229-230

Limite de Bekenstein 142
*Limites da Matemática, Os (Limits of
    Mathematics, The)* (Chaitin) 88,
    198, 200
Lindemann, Ferdinand 149, 155, 169
língua grega 81
língua hebraica 21, 62
linguagem (imperativa) baseada num
    enunciado 81
linguagem escrita 123
linguagens:
    baseadas em (expressões) funcionais
        81
    baseadas em (proposições) impera-
        tivas 81
    evolução impulsionada pelas 123
    padrões de migração pré-históricas
        e 95
    universais 77
Liouville, Joseph 149, 154, 169, 187
LISP 72, 77-89, 116, 117, 221, 243
    descrição da 7-85
    equação diofantina para a 88
    função fatorial na 86
    introdução do autor e o uso da 79
    lista de fatoriais na 86-88
    livro do autor sobre 88
    parênteses na 80, 81
    probabilidade de parada ômega e a
        198-200
lógica simbólica 57, 94
Lucas, Édouard 65, 66, 72, 73, 74

Maple 165
máquinas de Turing 69, 244-247
Margolus, Norman 139

matemática:
   aplicação universal da 10-11
   aprendendo através da história das ideias na 32
   atitude construtiva na 163
   beleza e 10, 26, 29, 48, 65
   certeza e 23, 58, 64
   como ferramenta da filosofia 10
   computadores e 12, 30
   descoberta como dificuldade na 74
   duas classes de objetos na 157-158
   efeito de Gödel sobre a 23, 219, 244
   eliminação de palavras nos artigos sobre 218n
   estudo matemático da. *Ver* metamatemática
   experimental 214
   fatos atômicos na 202
   filosófica 65, 218
   física e 24, 64, 221-222
   formalismo na 23-24
   fundamentos da 237-254
   futuro da 253-254
   insight como objetivo na 49
   intuição e 24, 25, 53, 65, 219
   invenção do termo 217
   leituras auxiliares 233-236, 254
   limites do conhecimento na 31, 36, 48
   mundo real comparado com a 131
   na Grécia 31, 34, 67, 147, 151-153, 179-191, 239
   na Índia 113
   natureza arbitrária da 37
   natureza evolutiva da 24, 30, 64, 223
   papel das questões na 9, 47-48
   problemas fundamentais na 31, 222
   refutação das noções tradicionais da 180
   sucessivos campos de interesse na 49
   visão quase-empírica da 221
   Matemática e a Origem do Pensamento Pós Moderno (Mathematics and the Roots of Postmodern Thought) (Tasic) 219
   Matemática por Experimentos (Mathematic by Experiment) 165, 187, 205
   "Math Poem" (Cohen) 231
Mathematica 165
Matiyasevich, Yuri 65, 69, 72-77
Maxwell, James Clerk 142, 143
mecânica estatística 249
Mersenne, números primos de 35, 36, 66
metafísica 93, 97-98, 105, 218. *Ver também* Deus
metamatemática 91, 94, 131, 254
   como *reductio ad absurdum* do SAF 64-6
   criação da 55, 237, 241
   criticismo da 223
   definição de 51, 241
multiplicação:
   nas equações diofantinas 6
   na linguagem de programação LISP 80-
   símbolo de programação para 80
Mundo Aberto, O (Open World, The) (Weyl)
mutações biológicas 98

não comprovabilidade:
   com respeito à elegância de programa 59, 188, 191-194, 215
   de asserções acerca da teoria dos números 50-51
   Ver também 10° problema de Hilbert
Nature 101, 230n
natureza:
   leis *versus* despido de leis na 93-94, 102-

soluções bem-sucedidas recicladas pela 109-110, 119
ewton, Sir Isaac 94, 95, 97
ewton's Darkness (Djerassi e Pinner) 94, 95
ielsen, Michael 101
otação, prefixo *versus* infixo 80
ova Espécie de Ciência, Uma (A New Kind of Science) (Wolfram) 34, 37, 63n, 91, 98, 187
ova Renascença, A (New Renaissance, The) (Robertson) 123
ovas Direções na Filosofia da Matemática (New Directios in the Philosiphy of Mathematics) (Tymoczko) 214
ímero: A Linguagem da Ciência (Number, The Language of Science) (Dantzig) 36n, 50, 94, 99, 100, 152
meros primos 33-49, 50, 51
  algoritmos para 36, 52, 66
  criptografia e 90
  de Merssene 35, 36, 66
  definição de 33
  distribuição aleatória dos 34, 248
  fatoração e 33, 43, 152
  gêmeos 35
  irredutibilidade e 34
  prova de Euclides e 38-39, 90
  prova de Euler e 39-44, 90
  prova do autor baseada na complexidade e 44-46, 90
  prova do infinito número de 38-49
  significado filosófico dos 90
meros:
  adoração pitagórica dos números 151
  algébricos 148
  compostos 34-35
  grandes 113-114
  imaginários 146-147
  irracionais (incomensuráveis) 152-153
  maximamente divisíveis 37
  normais 186-187, 204-205
  perfeitos 35, 37
  racionais 157
  todos os 175-176, 189
  Ver também inteiros; números primos; números reais
números reais:
  aleatórios 121, 170-176, 202-203
  algébricos *versus* transcendentais 148
  argumentos contra a existência dos 135, 143-144, 145-178, 206
  comparando infinidades de 155-161
  definição de 145-146, 155-156
  incomputabilidade e 167-171
  intervalo unitário de 145
  não nomeáveis 174-176, 212
  normal 185-186, 205
  número de Borel 161-164, 215
  questão discreto-contínua e 135, 145-178
  transcendentais 148, 159, 164-167
  usados na física 134
  Ver também probabilidade de parada ômega
números transcendentes 30n
  cardinalidade 149
  incomputabilidade e 149-150, 164-167
  individuais 149, 153-155, 169
  maior parte dos reais como 149
  números algébricos diferentes dos 147-148
  probabilidade e 149-150
  prova da existência dos 149-150, 159, 164-167, 205

O Que É Matemática? (What is Mathematics?) (Courant e Robbins) 43n, 16
Occam, a navalha de 103, 250, 279
Oliver, Chad 226
ômega. *Ver* probabilidade de parada ômega
Ord, Toby 206, 208, 210
Origens da Vida, As (Origins of Life, The) (Smith e Szathmáry) 122

paradigmas:
 de programação 9
 mudanças de 30-31, 227
paradoxo:
 computadores e fundamentos da matemática e 237-254
 de Epimênides 239
 de Russell 148, 239
 do mentiroso 239
 indefinibilidade e aleatoriedade 188-191, 192
 na teoria dos conjuntos 148, 157
partículas elementares 143
Período de Mudança (Phase Change) (Robertson) 123
pi 147, 154, 155, 183, 185, 186, 187, 205
Pitágoras, pitagóricos 151-153, 155, 217
Poincaré, Henri 37, 65, 217, 219
politeísmo 218
Pólya, George 49, 93, 175, 215
Post, Emil 62, 63, 64, 66, 169, 191
Prêmio Nehemiah Gitelson 62
Principais Transições na Evolução, As (Major Transitions in Evolution, The) (Smith e Szathmáry) 122
Principia Mathematica (Newton) 95, 97

Principia Mathematica (Russell e Whitehead) 218-219
princípio holográfico 142
Princípios da Natureza e da Graça (Principles of Nature and Grace) (Leibniz) 98, 99
probabilidade:
 amplitudes de 147
 incomputabilidade e 167-169
 não nomeabilidade 174-176
 números transcendentais e 149-150
probabilidade de parada ômega (número Chaitin) 54, 89, 135, 150, 173, 177, 18., 187, 215
 características interessantes da 212-21.
 como número real irredutível 197-204
 descrição da 121
 equação diofantina e 176, 206-211
 informação autodelimitante e 104
 programas autodelimitantes e 196-19.
problema da parada 58-62
 definição do 58
 Hilbert, 10° problema e 71, 196
 incompletude derivada do 59-61
 insolubilidade do 59, 71, 177, 187-18. 193-195, 212, 246-247
Processo, O (Kafka) 21
programa Matemático Automático (MA)
programação de computadores 12, 52
 aleatoriedade e 52
 autodelimitante 196-199
 complexidade e 250
 elegância e 59, 188, 190-194, 215
 formalismo e 24, 91
 informação autodelimitante e 127
 linguagem para 7-81
 nas máquinas de Turing 244-247

paradigmas e 9
Ver também algoritmos; informação digital; LISP; software
ova de Gödel, A (Gödel's Proof) (Nagel e Newman) 50
ovas 65
da teoria da incompletude de Gödel 50-55
de Euclides 57n
do último teorema de Fermat 67-68
encontrar sua própria 195
equilíbrio entre teoremas e 52-53
falha de 180
por decréscimo infinito 43
por *reductio ad absurdum* 38, 194
SAF e 57, 63
sobre a infinidade dos números primos 38-49
sobre a insolubilidade do 10º problema de Hilbert 66-77
subjetividade e variedade de 47
Ver também não comprovabilidade
tnam, Hilary 65, 69, 72

estões discreto-contínuas 12, 31, 135, 145-178
na física 139-144
números reais e 145-178

ionalismo 183
andomness Everywhere" (Calude e Chaitin) 230n
ão 179-181, 182-184
undância 130-131
ossoma 118
mann, G. F. B. 43, 44, 90
bertson, Douglas 123
binson, Julia 65, 69, 72

"Rosa de Paracelso, A "(Borges) 137-138
Ross, C. MacDonald 96, 99
Russel, Bertrand 148, 218, 238

SAF (sistema axiomático formal) 55-66, 78, 91, 94, 106, 150, 213, 222-223
algoritmo para gerar teoremas do 62-63
criação de Hilbert do 56
definição do 56-57
elegância e 191-194
incompletude e 214-215, 241
incomputabilidade e 169, 244
objetivo de Hibert de um só SAF 64, 181, 219, 241-244
probabilidade de parada ômega e o 201
problema da parada e 59-60
reais aleatórios e 172-176
Schrödinger, Erwin 147
Schwartz, Abraham 62
Schwartz, Jacob 36, 108, 216
Scientific American 50, 247
"se" 82
"seja" 83
seleção sexual 26
sequências de Sturm 165-166
série de potências 146
séries geométricas infinitas 40
séries harmônicas 41-42
séries harmônicas de recíprocos 41
Shannon, Claude 204-205
sistema axiomático formal. Ver SAF
Smith, John Maynard 122
Smolin, Lee 142
"Sobre a Inteligibilidade do Universo e as Noções de Simplicidade, Complexidade e Irredutibilidade" (Chaitin) 96, 255-293

software 77-78, 92
  da vida 108-113
  de computação 165
  experimentação e 220-221
  para computação simbólica 165
  projetá-lo à medida que caminha 220
  tamanho de 93
  unidades de 129
  Ver também programação de computadores
Solomonoff, Ray 250
Solovay, Robert 195
solução raiz 165-166
Spinoza, Baruch 218
Stengers, Isabelle 95
Stephenson, Neal 95
Stoneham, Richard 186-18, 205
subtração nas equações diofantinas 67
Suméria 31, 222
surdos 153
Svozil, Karl 184
Szathmáry, Eörs 122

tecnologia de gravação 121
telas de imagens coloridas 117, 120-123
tempo 134
  entropia e 249
  questão discreto-contínua e 142
  reversão do 139
teoremas 24, 37
  axiomas como programas de computador para gerar 106-107
  como programas de computador 104
  de Wilson 94
  do SAF 57, 60, 62-63
  dos números primos 248

equilíbrio entre provas e 52-53
"interessantes" 63
metamatemáticos 51
teoria axiomática dos conjuntos. *Ver teoria dos conjuntos*
Teoria da Informação Algorítmica (Algorithmic Information Theory) (Chaitin) 77, 8
teoria da informação algorítmica (TIA) 17 198, 253
  artigos do autor sobre a 96, 255-295
  biologia e 130-132
  descrição da 106, 248-249
  informação autodelimitante e 127
  parábola da rosa e a 138-139
  Ver também informação digital; informação
teoria da relatividade 12, 142, 217, 248
teoria da variável oculta 184
teoria das cordas 142-143
teoria dos conjuntos 148
  problema do contínuo e 161
  correspondência na 156
  ordens de infinito na 155-161
  paradoxo e 148, 157, 239
teoria dos números 48, 52, 90
  aleatoriedade e 248
  analítica 90
  como ciência experimental 50
  dificuldades da 65, 71
  elementar 248
  probabilidade de parada ômega e a 8⟨
  Ver também 10° problema de Hilbert
termodinâmica 249-250
Three Roads to Quantum Gravity (Smolin) 142
Toffoli, Tommaso 139

rá, duplo sentido da 21, 62
gonometria 146
do Isso e Mais: Uma História Compacta do Infinito (*Everything and More: A Compact History of Infinity*) (Wallace) 23, 158
ring, Alan 62, 191, 196, 205, 214, 248-249, 253
    abordagem alternativa para a incompletude de 52, 55, 60, 179, 195
    computadores concebidos por 58
    incomputabilidade e 23-24, 149, 164-167, 170, 244
    Ver também problema da parada
moczko, Thomas 214

iversalgenie 217
niverso:
    calor de morte 250
    complexidade inicial do 98
    DNA do 129
    estrutura matemática do 11
    informação binária como base do 101
    natureza contínua *versus* natureza discreta do. *Ver* questões discreto-contínuas
iversos simplificados 139

variáveis complexas, teoria das funções de 146
verdade 74
    complexidade infinita da 213-214
    lei e 20-21, 62
    Prêmio Nehemiah Gitelson pela busca da 62
    relatividade da 219
    Ver também provas
verificação 4
vida:
    expectativa de 111-112
    origens de 122
    software da 108-113
vídeo, digital 120-123
Voltaire 97
von Neumann, John 244, 247, 248, 249

Wallace, David Foster 23, 26, 158
Weyl, Hermann 96, 97, 103
Wiles, Andrew 67, 253
Wolfram, Stephen 34, 37, 63n, 91, 98, 183, 187

Zenão 142, 144

Agradeço as instituições e as pessoas pela permissão de reprodução do material já publicado

AMERICAN SCIENTIST: Computers, Paradoxes and the Foundations of Mathematics por Gregory J. Chaitin de *American Scientist* (March-April 2002) 90164-171. Reimpresso com a permissão da *American Scientist*.

ROBERT M. CHUTE: Poema "Reading a Note in the Journal Nature I learn" por Robert M. Chute, originalmente publicado em *The Beloit Poetry Journal*. Reimpresso com a autorização do autor.

MARION D. COHEN: Poema "Math Poem" de *Crossing the Equal Sign* por Marion D. Cohen. Reimpresso com a autorização do autor.

CROWN PUBLISHERS: Excertos de *Ideas and Opinions* por Albert Einstein. Copyright 1954 e renovado em 1982 pela Crown Publishers, Inc. Reimpresso com a autorização de Crown Publishers, uma divisão da Random House, Inc.

THE MIT PRESS: Excertos de *The Character of Physical Law*, por Richard Feyman. Reeditado por The MIT Press.

OX BOW PRESS: Excertos de *The Open World*, por Hermann Weyl. Reimpresso por cortesia de Ox Bow Press, Woodbridge, CT.

THE UNIVERSITY OF CHICAGO PRESS: Excertos de The Mathematician, por J. von Neumann de *The Works of the Mind*, editado por Heywood & Neff. Reimpresso com a autorização de The University of Chicago Press.

VIKING PENGUIN: Excertos de "The Rose of Paracelsus", da *Collected Fictions* de Jorge Luis Borges, traduzido por Andrew Hurley. Copyright 1998 por Maria Kodama. Copyright da tradução © 1998 por Penguin Putnam Inc. Reimpresso com a autorização de Viking Penguin, uma divisão do Penguin Group (USA) Inc.

COLEÇÃO BIG BANG

Arteciência
Roland de Azeredo Campos.

Breve Lapso entre o Ovo e a Galinha
Mariano Sigman.

Diálogos sobre o Conhecimento
Paul K. Feyerabend.

Dicionário de Filosofia
Mario Bunge.

A Mente segundo Dennett
João de Fernandes Teixeira

O Mundo e o Homem
José Goldemberg

Prematuridade na Descoberta Científica
Ernest B. Hook (org.)

Uma Nova Física
André Koch Torres Assis.

O Universo Vermelho
Halton Arp

O Tempo das Redes
Fábio Duarte, Queila Souza e Carlos Quandt

Este livro foi impresso em São Paulo,
nas oficinas da Yangraf Gráfica e Editora, em abril de 2009,
para a Editora Perspectiva S.A.